JN272502

[図解]
ISO 9001認証組織の
パフォーマンス改善

―ISO/TS 16949の活用―

UL DQS Japan 株式会社 [監修]
岩波 好夫・沼上 達久 [著]

日科技連

監修者のことば

　2011年は日本の製造業にとって大きな転換点となりました。東日本大震災に際しては世界が驚くほどのスピードで復旧を果たしたものの、タイの洪水ではその影響が思わぬ場所にまで及び、現代のサプライチェーンの複雑化を思い知らされました。

　また、欧州金融危機を発端とした行き過ぎた円高などにより、製造拠点の国外シフトを進めグローバル競争の中で戦わざるを得ない状況、すなわち、さらなる品質と生産性の向上を、異文化のなかで達成する必要がますます求められることとなりました。

　ISO/TS 16949は、自動車メーカーが自らのサプライチェーンのために作った品質マネジメントシステムのセクター規格であり、欧米自動車メーカーやティア1（tier 1）サプライヤーとの取引のための、事実上の前提条件となっています。EV（electric vehicle、電気自動車）化やIT（information technology、情報技術）との融合が進展する自動車部品業界の裾野の広がりを勘案すると、この規格は、ものづくりの現場にとって、文化を越えたグローバルな共通言語としての役割を果たすことができるともいえます。

　また、ISO/TS 16949は品質管理のための業界のベストプラクティスの集大成としての側面も有しており、規格本来の意図と目的とは別の形ではありますが、IT業界のサービスマネジメント実践集であるITIL（information technology infrastructure library、情報技術インフラストラクチャ・ライブラリ）のようなデファクトスタンダードとしての活用法も、自動車部品業界以外にも有用なヒントを提供してくれます。

　このたび、長年ISO 9001およびISO/TS 16949の解説を、書籍の出版や公開セミナーを通じ手がけられてきた岩波先生と、ドイツにグループ本社を有するISO/TS 16949認証機関の日本法人であるUL DQS Japanが、共著の形で本書を上梓できたことは望外の幸せであります。本書が日本の製造業にとって

自動車部品業界のベストプラクティスを学ぶ契機となり、組織の業績の向上に資することができれば幸甚です。

2012年10月1日

UL DQS Japan 株式会社

代表取締役　井上　隆吉

まえがき

　品質マネジメントシステム ISO 9001 認証を取得する組織の業種が拡大しています。しかし、"ISO 9001 認証を取得したが、品質、コスト、生産性などのパフォーマンスが改善しない。ISO が経営に役立っていない"という問題をかかえている組織が増えていることも事実です。ISO 9001 認証を取得しても、品質マネジメントシステムの運用方法によっては、品質がよくなり、顧客満足度が向上するとは限りません。ISO 9001 の適合性や有効性の改善だけでは、経営に役に立つとはいえません。

　ISO/TS 16949 という自動車業界の品質マネジメントシステム規格があります。ISO/TS 16949 規格は、ISO 9001 規格に自動車業界固有の要求事項を追加した、自動車業界のセクター規格です。ISO/TS 16949 規格では、ISO 9001 規格の目的である品質保証、顧客満足および品質マネジメントシステムの有効性の改善に加えて、生産性、コスト、納期など、組織の種々のパフォーマンスの改善を目的としています。ISO/TS 16949 規格は、自動車業界のみならず、"あらゆる製造業"における、パフォーマンス改善のために活用することができる規格といえます。

　本書では、ISO/TS 16949 規格を ISO 9001 認証組織に活用して、組織の仕組みとパフォーマンスを改善する方法、すなわち、ISO/TS 16949 規格には含まれているが、ISO 9001 規格には含まれない要求事項で、ISO 9001 認証組織のパフォーマンス改善のために活用できる項目、および ISO 9001 規格に含まれているが、多くの ISO 9001 認証組織において、今まで適切に運用されていなかった内容について解説します。

　本書は、次の 8 つの章で構成されています。
■序　章　ISO/TS 16949 のねらいと審査現場から得られる改善のヒント
　この章では、ISO/TS 16949 規格とは、ISO/TS 16949 の要求事項とねらい、ISO/TS 16949 の関連規格、品質マネジメントの 8 原則、および審査現場から得られる改善のヒントなどについて説明します。

■第1章　ISO 9001 にはない重要なこと
　この章では、適合性、有効性と効率の改善、製造工程の設計・開発、変更管理、および適用範囲などについて説明します。
■第2章　製品の品質に限定しないことがポイント
　この章では、顧客満足、生産性の向上、品質向上とコスト低減の両立、および品質目標と事業計画などについて説明します。
■第3章　キー(鍵)は製造工程の改善
　この章では、安定性と工程能力、段取り替え検証、コントロールプラン、予防保全と予知保全、プロセスの妥当性確認、および特別輸送費の監視などについて説明します。
■第4章　ISO/TS 16949 の追加要求事項が役に立つ
　この章では、供給者の効果的な管理、特殊特性、リスク管理、予防処置、継続的改善、法規制への適合、顧客の機密情報の管理、および内部監査員の力量確保などについて説明します。
■第5章　要求事項に対する具体的事例が準備されている
　この章では、設計・開発のインプットとアウトプット、製造工程パフォーマンスの監視指標、教育・訓練の内容と時期、および統計的手法など、ISO/TS 16949 の要求事項の内容とそれらの実施事例について説明します。
■第6章　プロセスアプローチでパフォーマンス改善
　この章では、タートル図、プロセスアプローチ、品質マネジメントシステムのプロセス、およびプロセスアプローチ式監査などについて説明します。
■第7章　コアツールの活用
　この章では、ISO/TS 16949 のコアツールである、APQP(先行製品品質計画)、PPAP(製品承認プロセス)、FMEA(故障モード影響解析)、SPC(統計的工程管理)、および MSA(測定システム解析)について説明します。

　なお本書では、ISO 9001 規格および ISO/TS 16949 規格の内容は、それぞれ四角の枠で囲って示し、ISO/TS 16949 規格については、太字で示しています。
　また本書に掲載した図のいくつかは、巻末の参考文献に記載した、筆者の書籍、『図解 Q&A ISO/TS 16949 規格のここがわからない』、『図解 ISO/TS

16949 の完全理解－要求事項からコアツールまで』および『図解 ISO 9000 よくわかるプロセスアプローチ』(いずれも日科技連出版社)から引用しています。

付録の用語の解説は、ISO 9001 および ISO/TS 16949 で使用されている用語について、単なる用語の定義の説明ではなく、わかりやすく理解していただくための解説としています。

なお ISO/TS 16949 には、第 2 章で述べるように、種々の関連する規格がありますが、本書は、ISO/TS 16949 規格第 3 版(2009 年版)、ISO/TS 16949 ガイダンスマニュアル第 1 版(2009 年版)、および ISO/TS 16949 認証制度 IATF 承認取得ルール第 3 版(いわゆるルール 3，2008 年版)など、本書の発行時点におけるこれらの各規格の最新版にもとづいています。

本書は、次のような方々に、読んでいただき活用されることを目的としています。

① 品質マネジメントシステム規格 ISO 9001 認証組織で、ISO 9001 の目的である品質保証と顧客満足だけでなく、品質、生産性、コストなどの経営パフォーマンスの改善のために、現在の ISO 9001 品質マネジメントシステムをレベルアップしたいと考えておられる企業の方々。

② ISO 9001 の対象製品と、自動車業界の品質マネジメントシステム ISO/TS 16949 の対象製品の、2 つの品質マネジメントシステムが存在する組織で、品質マネジメントシステムを効率的に一本化させたいと考えておられる方々。

③ ISO/TS 16949 認証組織で、パフォーマンスを一層改善させたいと考えておられる方々。

④ これから ISO/TS 16949 認証の取得を検討しておられる組織の方々。

⑤ ISO/TS 16949 の規格要求事項、プロセスアプローチ、プロセスアプローチ式内部監査およびコアツールなど、ISO/TS 16949 で準備されている要求事項や技法を理解し、活用したいと考えておられる方々。

読者のみなさんの会社の、ISO 9001 および ISO/TS 16949 の品質マネジメントシステムのレベルアップとパフォーマンス改善のために、本書がお役に立

つことを期待しています。

　本書は、巻末の参考文献8)に記載した、システム規格社の月刊誌『アイソス』No.167～171(2011年10月号～2012年2月号)に連載した、「ISO 9001認証組織のパフォーマンス改善－ISO/TS 16949の活用－」を参考にしています。同誌への執筆と本書への引用の機会を与えていただいた、㈱システム規格社『アイソス』誌編集長　恩田昌彦氏に感謝いたします。

　また本書の執筆にあたっては、巻末にあげた文献を参考にしました。特に、ISO/TS 16949規格書、ISO/TS 16949ガイダンスマニュアル、ISO/TS 16949のIATF承認取得ルール、AIAG発行のAPQP、PPAP、FMEA、SPCおよびMSAの各参照マニュアルを参考にしました。それらの和訳版は、(一財)日本規格協会および㈱ジャパン・プレクサスから発行されています。それぞれの内容の詳細については、これらの文献を参照ください。

　最後に本書の出版にあたり多大のご指導をいただいた、日科技連出版社取締役出版部長戸羽節文氏ならびに石田新氏に感謝いたします。

2012年10月1日

　　　　　　　　　　　　　　　　　　　岩波　好夫、沼上　達久

目　次

監修者のことば　3
まえがき　5

序　章　ISO/TS 16949 のねらいと審査現場から得られる改善のヒント　11
1. TS 規格（ISO/TS 16949）とは　12
2. ISO/TS 16949 の要求事項とねらい　13
3. ISO/TS 16949 の関連規格　14
4. 品質マネジメントの 8 原則　14
5. 審査現場から得られる改善のヒント　15

第 1 章　ISO 9001 にはない重要なこと　21
1.1　適合性と有効性だけでなく効率の改善を　22
1.2　よい製造工程は工程設計から　26
1.3　品質保証のためには変更管理が重要　30
1.4　営業部門や設計部門も ISO の対象範囲に　34

第 2 章　製品の品質に限定しないことがポイント　37
2.1　顧客は品質だけでは満足しない　38
2.2　生産性の向上　42
2.3　品質向上とコスト低減の両立　44
2.4　品質目標は事業計画の一部　48

第 3 章　キー(鍵)は製造工程の改善　51
3.1　安定でかつ能力のある製造工程　52
3.2　段取り替え検証は統計的な方法で　56
3.3　コントロールプランは QC 工程表 + α　58
3.4　予防保全だけでなく予知保全を　60
3.5　プロセスの妥当性確認とは　64
3.6　特別輸送費監視の目的　68

第4章　ISO/TS 16949の追加要求事項が役に立つ　71

4.1　供給者の効果的な管理　72
4.2　特殊特性とは　76
4.3　リスク管理は組織運営の基礎　78
4.4　ISO/TS 16949は予防処置の宝庫　82
4.5　継続的改善の対象　84
4.6　法規制への適合　86
4.7　顧客の機密情報の管理　88
4.8　内部監査員の力量確保　90

第5章　要求事項に対する具体的事例が準備されている　95

5.1　設計・開発のインプットとアウトプットの例　96
5.2　製造工程パフォーマンスの監視指標の例　100
5.3　教育・訓練の内容と時期　102
5.4　統計的手法の例　106

第6章　プロセスアプローチでパフォーマンス改善　109

6.1　プロセスの分析(タートル図)　110
6.2　プロセスアプローチとは　114
6.3　品質マネジメントシステムのプロセス　118
6.4　プロセスアプローチ式監査　122

第7章　コアツールの活用　127

7.1　APQP(先行製品品質計画)　128
7.2　PPAP(製品承認プロセス)　132
7.3　FMEA(故障モード影響解析)　136
7.4　SPC(統計的工程管理)　144
7.5　MSA(測定システム解析)　150

付録：用語の解説　155
参考文献　167
索　引　169
著者紹介　172

序章

ISO/TS 16949 のねらいと審査現場から得られる改善のヒント

　本書では、ISO/TS 16949 規格を ISO 9001 認証組織に活用して、組織の仕組みとパフォーマンスを改善する方法について述べていますが、読者のなかには、ISO/TS 16949 規格とはなにかをよくご存じでない方もおられることでしょう。

　序章では、ISO/TS 16949 規格とは、ISO/TS 16949 の要求事項のねらい、ISO/TS 16949 の関連規格、品質マネジメントの 8 原則、および審査現場から得られる改善のヒントなどについて説明します。

1. TS 規格(ISO/TS 16949)とは

　ISO 9001 の品質マネジメントシステムを運用している組織のなかで、これまでに"TS 規格という厳しい規格があるようだ"という言葉を聞いた方がおられるかもしれません。一方、TS 規格という言葉をはじめて耳にしたという方もおられるでしょう。"ISO 9001"と"TS 規格"（ISO/TS 16949：2009）は、どちらも品質マネジメントシステムに関する規格です。TS 規格とはどういうもので、どこが ISO 規格と違っているのかを理解し、現在 ISO 9001 のもとで運用している品質マネジメントシステムを、TS 規格の内容を考慮することによって、さらに有効な品質マメジメントシステムを実現させていくことが、それほど難しいことではないと気付くはずです。そして、現在の品質マネジメントシステムの改善が、有効に行われていくものと思われます。

　TS 規格すなわち ISO/TS 16949：2009 とは、ISO 9001：2008 に自動車業界固有の要求事項を追加した、自動車業界セクターの品質マネジメントシステムに関する国際規格です。ISO 9001 や ISO 14001 のように、正式な国際規格（international standard、IS 規格）として発行されるまでには至っていませんが、自動車業界にとってメリットがあることが認められ、ISO/TS（technical specification、技術仕様書）として発行されているセクター規格です。

　1994 年に ISO 9001 規格の第 2 版が発行され、それを受けて欧米各国において、自動車業界の品質マネジメントシステム規格が、相次いで制定されました。VDA6.1（ドイツ）、QS-9000（アメリカ）、EAQF（フランス）、AVSQ（イタリア）などです。これら多くの規格ができたことで、サプライヤーにとっては負担が増大することとなり、共通した規格が求められた結果、これらの欧米各国の自動車業界の品質マネジメントシステム規格を統合して、グローバルな国際規格として生まれたものが ISO/TS 16949 規格で、1999 年に第 1 版が制定されました。現在は ISO 9001：2008 の第 4 版を受けて、2009 年に ISO/TS 16949：2009 の第 3 版が発行されています。

2. ISO/TS 16949 の要求事項とねらい

　ISO/TS 16949 規格要求事項の基本部分は、ISO 9001 規格の要求事項と同じです。グローバルな自動車業界に共通する要求事項は、この基本部分の上に載せられる形で、第1章から第8章にわたって補足が行われています。さらにこれらの上に、顧客固有の要求事項が付加されて、ISO/TS 16949 の要求事項ができあがっています。

　ISO/TS 16949 規格では、その到達目標として次の点があげられています。

① 不具合の予防に重点をおいた継続的改善

　不適合を検出することによって品質を保証するのではなく、不適合を予防することによって、品質保証とパフォーマンスの改善の両方を達成することが求められています。

② バラツキとムダの低減

　製造工程のバラツキとムダを低減すること、すなわち製造工程のレベルを上げることによって、効率的に品質と生産性の両方を向上させることが求められています。これにより品質、コスト、納期などのパフォーマンスが改善され、顧客の満足度が向上することが期待されています。

③ サプライチェーンにおける欠陥の予防

　顧客－企業－供給者で代表されるサプライチェーン全体にわたる不適合の予防が求められています。これにより自動車メーカーは、グローバルな調達がしやすくなり、ビジネスの拡大も期待されます。

　この不適合の予防に関する、ISO/TS 16949 規格における補足の要求事項には、自動車業界の部品メーカーだけでなく、すべての製造業の品質保証体制の確立に適用できる内容が網羅されていて、非常に有効な規格ということができます。つまり ISO/TS 16949 のねらいは、製造工程を安定させることによって、品質向上、生産性向上およびコスト低減のいずれをも達成し、その結果として顧客満足と企業の繁栄をはかるというものです。

3. ISO/TS 16949 の関連規格

　ISO/TS 16949 に関連する規格は、要求事項に関するものと、参考資料に関するものに分けることができます。

　要求事項には、ISO/TS 16949：2009 規格、および顧客（自動車メーカーなど）の固有の要求事項（customer specified requirements、CSR）があります。また参考資料としては、ISO/TS 16949：2009 ガイダンスマニュアルおよび顧客固有のレファレンスマニュアル（参照マニュアル）があげられます。

　顧客固有の参照マニュアルとして米国のビッグスリーによって準備された、APQP & CP（先行製品品質計画およびコントロールプラン、本書では以下 APQP 先行製品品質計画と略す）、PPAP（製品承認プロセス、生産部品承認プロセスともいわれる）、FMEA（故障モード影響解析）、SPC（統計的工程管理）、および MSA（測定システム解析）の 5 種類があります。また引用規格としては、ISO 9000：2005（品質マネジメントシステム－基本および用語）があります（図 2.7、p.50 参照）。

4. 品質マネジメントの 8 原則

　ISO/TS 16949 規格では、ISO 9000 規格に引用されている、経営パフォーマンス改善のために、経営手法として用いるための"品質マネジメントの 8 原則にしたがって経営活動を行うことが望ましい"と述べています。

　品質マネジメントの 8 原則は、ISO 9001 規格の基礎になっているものですが、ISO 9001 では必ずしも適切に運用されていない場合があります。ISO/TS 16949 規格は、この 8 原則にもとづいて作成され、運用されています。品質マネジメントの 8 原則の概要を図 2（p.20）に、品質マネジメントの 8 原則と ISO/TS 16949 規格の要求事項との関係を図 1（p.18）に示します。

5. 審査現場から得られる改善のヒント

　ISO/TS 16949の審査員として審査を行っていると、ISO 9001の現場でも、もう少しISO/TS 16949で取り上げている内容に意識を注ぐことによって、さらに改善の取り組みが進むと思われる状況に出会うことがあります。そうした具体的な事例について、少し触れてみたいと思います。

① プロセスにもとづく仕組みの分析と改善

　ISO 9001では、組織におけるプロセスアプローチの採用が推奨されていますが、ISO/TS 16949では、プロセスアプローチを利用した現地審査を行うことが求められています。このことは、プロセスのパフォーマンスに着眼するということになります。パフォーマンスがあるということは、プロセスが本来の目的を達成し、その有効性が認められるということになります。そしてパフォーマンスだけでなく、プロセスのインプットは正しいインプットとなっているのか、またインプットの内容だけでなく、前のプロセスのアウトプットを正しいインプットとして採用しているかという点も、慎重に審査することになります。なぜならば、プロセスのアウトプットとして最終的に導き出される結果において、顧客に対するリスクが含まれる余地がある場合が多くあり得るからです。

　したがって組織において、プロセスの理解とプロセスアプローチにもとづいて構築されたマネジメントシステムを実践することは、ISO/TS 16949のみならずISO 9001でも基本的な部分となっています。これらの実践状況を確認する方法は第三者監査(審査)によるだけではなく、組織がみずから行う内部監査においても確認することができます。そのために、内部監査員がプロセスアプローチの理解を深くすることが求められます。

② 有効性と効率

　ISO 9001の審査においては、有効性が重要なポイントになります。組織によって実施された活動の結果の状態が、初期に計画した結果の程度に見合うように達成されていれば、有効性があったということになります。ISO 9001の審査の現場では、その有効性の有無と程度が確認されます。ISO/TS 16949の審査でも、有効性は重要な審査のポイントです。

しかし、有効性だけではなく、どのようにしてそれだけの結果が生み出されたのかも、重要なポイントになります。それが効率です。同じレベルの結果を生み出すのに費やした資源の大きさも考慮され、投じた時間、人的資源、コストなどの大きさが評価されます。つまり効率のよい活動をすることが求められているわけです。ISO 9001 の顧客満足のためには有効性は必須の要件になりますが、効率は必須の要件とはいえないでしょう。

ISO/TS 16949 では、マネジメントシステムの要件として、この効率も必須の要件としてとらえています。つまり、適切でなかった資源によって生み出された有効性のある結果は、それほど評価されないということになります。この点をよく理解すると、いつも心がけている継続的改善に対しては、有効性の追求だけの面からの活動と、効率の追求による活動とによって、組織にとって真の満足が得られることがわかります。

③ 統計的管理

ISO/TS 16949 の審査の現場、特に製造現場でよく出会うのが統計的ツールの活用状況です。これは ISO 9001 でも述べていますが、ISO/TS 16949 の審査においては具体的な項目が、規格として補足されています。

製造業においては、業種を問わず安定した工程を維持することは、永遠の課題となっています。求められるのは不適合製品を生み出さない工程であることだけではなく、常に安定した工程であることです。ISO/TS 16949 の条項のなかの注記として、"安定した工程を実現した後に継続的改善が行われることになる"と記載されています。

統計的管理については、現状の ISO 9001 や ISO/TS 16949 の審査では、必ずしも常に、組織においてうまく運用されているケースに出会うとは限りません。組織による取組みには、現状ではまだ大きな差があるということがいえます。パソコンを使った数値計算のプログラムもいろいろ出てきている現状では、統計的管理を実施するためのハード的な障害はなくなってきているといえます。その点からは、製造現場でも、統計的概念を実践できる環境は増えてきているといえます。しかし ISO 9001 では、審査の現場ではこの点を審査されることはほとんどないと思われますが、統計的工程管理を心掛けると継続的改善の根拠が明確になり、プロセスの状況を監視するためのツールとしては非常に大き

な力となります。

ISO/TS 16949 では、顧客により統計的ツールとしてコアツールの活用を要求されるケースがあり、具体的な実践が求められます。ISO 9001 では、どの程度まで活用できるようにするかという点についての考慮が必要で、基本的な理解を深めておくことが求められます。

④ 継続的改善

品質マネジメントの 8 原則の 4 番目にあるように、組織は継続的改善が求められています。ISO 9001 でも、品質マネジメントシステムの継続的改善が要求されています。しかし、その実現に向けての活動は、品質方針や品質目標の達成に向けた活動に注力されすぎてはいないでしょうか。ISO 9001 の審査の現場でよく見られるのは、経営指標とは少しかけはなれた、品質マネジメントシステムの指標の達成に向けて、管理責任者が実態を取り繕うという状況です。このように ISO 9001 の求める継続的改善は、品質マネジメントシステムにおいて有効性があるように改善されていることです。しかし、ISO/TS 16949 の場合の継続的改善は、品質目標のみにとどまらず、製品品質のパフォーマンスに対する改善であるため、製造部門を中心とした現場におけるプロセスの監視、すなわち継続的改善について大きな比重を置いているという点ではないでしょうか。

第 1 章以降では、より詳細に ISO 9001 と ISO/TS 16949 の違いをクローズアップし、ISO/TS 16949 のどの点を取り入れることによって、より改善が進められるかについて述べていきます。

品質マネジメントの8原則	ISO/TS 16949 規格項目	
① 顧客重視	4.2.3.1	顧客の技術仕様書対応
	5.2	顧客重視
	5.5.2.1	顧客要求への対応責任者
	7.1	製品実現の計画－APQP
	7.1.3	顧客の機密保持
	7.2	顧客関連プロセス
	7.2.1.1	顧客の特殊特性
	7.2.3.1	顧客とのコミュニケーション
	7.3.6.2	顧客の試作プログラム
	7.3.6.3	顧客の製品承認プロセス
	8.2.1	顧客満足
	8.3.4	顧客の特別採用
	8.5.2.4	顧客の受入拒絶製品の試験分析
② リーダーシップ	5.1	経営者のコミットメント
	5.3	品質方針
	5.4.1	品質目標
	5.6	マネジメントレビュー
	6.1	資源の提供
	7.3.4.1	設計開発プロセスの監視
③ 人々の参画	5.5.1	責任・権限
	5.5.1.1	品質責任
	5.5.3	内部コミュニケーション
	6.2	人的資源
	6.2.2.1	製品設計の技能
	6.2.2.2	教育・訓練
	6.2.2.3	業務を通じた教育・訓練（OJT）
	6.2.2.4	従業員の動機づけ
	6.4.1	要員の安全
	8.2.2.5	内部監査員の適格性確認

［備考］　太字はISO 9001に対するISO/TS 16949の追加要求事項を示す

図1　品質マネジメントの8原則のISO/TS 16949への反映

品質マネジメントの8原則	ISO/TS 16949 規格項目	
④ プロセスアプローチ	4.1	品質マネジメントシステム
	5.4.2	品質マネジマントシステムの計画
	8.2.3	プロセスの監視・測定
	8.2.3.1	**製造工程の監視・測定**
	8.5.2	是正処置
		品質マネジメントシステム全体
⑤ マネジメントへのシステムアプローチ	4.1	品質マネジメントシステム
	5.1.1	**プロセスの効率**
	5.3	品質方針
	5.4.1	品質目標
	5.6.1.1	**QMSのパフォーマンス**
		品質マネジメントシステム全体
⑥ 継続的改善	7.5.1.4	予防保全・予知保全
	8.2.2	内部監査
	8.5.1	継続的改善
	8.5.1.1	**組織の継続的改善**
	8.5.1.2	**製造工程の改善**
	8.5.3	予防処置
⑦ 意思決定への事実にもとづくアプローチ	5.3	品質方針
	5.6	マネジメントレビュー
	8.1.1	**統計的手法の明確化**
	8.1.2	**基本的統計概念の知識**
	8.4	データの分析
	8.4.1	データの分析・使用
⑧ 供給者との互恵関係	4.1.1	アウトソースの管理
	7.4	購　買
	7.4.1	購買プロセス
	7.4.1.2	供給者のQMS開発
	7.4.3.1	購買製品の適合
	7.4.3.2	供給者の監視

図1　品質マネジメントの8原則のISO/TS 16949への反映（続）

8原則	8原則の内容	解説
① 顧客重視	組織は顧客に依存しており、現在・将来の顧客のニーズを理解し、顧客要求事項を満たし、顧客の期待を超えるように努力すべきである。	顧客のニーズを把握し、顧客の期待に応えることによって、顧客満足を高めることができ、組織の業績向上にもつながる。
② リーダーシップ	リーダーは、組織の目的・方向を一致させる。リーダーは、人々が組織の目標を達成することに十分に参画できる内部環境を作りだすべきである。	欧米式マネジメントの特徴であるリーダーシップ(トップダウン)が重要である。
③ 人々の参画	すべての階層の人々は、組織にとって根本的要素である。その全面的な参画によって、組織の便益のために、その能力を活用することが可能となる。	組織の経営体質を強くするためには、トップマネジメントのリーダーシップだけではなく、社員全員の参加が重要である。
④ プロセスアプローチ	活動と関連する資源が一つのプロセスとして運営管理されるとき、望まれる結果がより効果的に達成される。	組織の活動を構成するプロセスを明確にし、プロセスを改善することによって、結果についても効果的に達成できる。
⑤ マネジメントへのシステムアプローチ	相互の関連するプロセスを一つのシステムとして、明確にし、理解し、運用管理することが、組織の目的を効果的で効率よく達成することに寄与する。	プロセスアプローチを組織のマネジメントシステム全体に活用することによって、組織のパフォーマンスを向上させる。
⑥ 継続的改善	組織の総合的パフォーマンスの継続的改善を、永遠の目標とすべきである。	組織の存続と繁栄のために、組織のパフォーマンスを継続的に改善することが重要である。
⑦ 意思決定への事実にもとづくアプローチ	効果的な意思決定は、データと情報の分析にもとづく。	マネジメントの意思決定は、経験や勘に頼るのではなく、客観的なデータと情報にもとづくべきである。
⑧ 供給者との相互関係	組織と供給者は独立しており、その互換関係は両者の価値創造能力を高める。	供給者を単なる下請負業者ではなく、パートナーとしてとらえるべきである。

図2　品質マネジメントの8原則

第 1 章

ISO 9001 にはない重要なこと

　品質マネジメントシステム規格 ISO 9001（品質マネジメントシステム―要求事項）の最低限の要求事項にもとづいた管理をしていたのでは、組織のパフォーマンスは改善しません。ISO 9001 には、本章で述べる重要なことが抜けています。自動車業界の品質マネジメントシステム規格 ISO/TS 16949（品質マネジメントシステム―自動車生産および関連サービス部品組織の ISO 9001：2008 適用に関する固有要求事項）にもとづいた運用によって、ISO 9001 の欠点を補うことができます。

　本章では、適合性、有効性と効率の改善、製造工程の設計・開発、変更管理および適用範囲などについて説明します。

　ISO/TS 16949 規格は、ISO 9001 規格をもとにして、これに自動車業界固有の要求事項が追加されたものです。

　ISO/TS 16949 は、IATF（International Automotive Task Force、国際自動車業界特別委員会）によって作成されました。IATF メンバーの構成、および ISO/TS 16949 規格制定の経緯を、図 1.12 および図 1.13（p.36）に示します。

1.1　適合性と有効性だけでなく効率の改善を

[ISO 9001 の要求事項]

　品質マネジメントシステム規格 ISO 9001 では、品質マネジメントシステム（quality management system）に対する基本的な要求事項として、次のことを求めています。

(ISO 9001)

4.1 品質マネジメント システム / 一般要求事項	①　ISO 9001 規格の要求事項に従って、品質マネジメントシステムを確立し、実施する。 ②　品質マネジメントシステムの有効性を継続的に改善する。

[ISO/TS 16949 の要求事項]

　自動車業界の品質マネジメントシステム規格 ISO/TS 16949 では、上記の ISO 9001 規格の要求事項に加えて、品質マネジメントシステムの効率（efficiency）と継続的改善に関して、次のように述べています。

(ISO/TS 16949)

5.1.1 プロセスの効率	③　品質マネジメントシステムのプロセスの有効性と効率を保証する。 ④　そのために、品質マネジメントシステムの製品実現プロセスと支援プロセスをレビューする。
8.5.1.2 製造工程の改善	⑤　製品特性と製造工程特性のバラツキを低減する。 ⑥　そのために、製造工程を継続的に改善する。

[ISO 9001 認証組織への ISO/TS 16949 の活用方法]

　上記の①は、ISO 9001 の要求事項に対して適合（conformity）すること、また②は、品質マネジメントシステムの有効性（effectiveness）を継続的に改善することを述べています。すなわち ISO 9001 の要求事項は、適合性の確保と有効性の改善ということになります。一方では、"ISO 9001 認証を取得したが、パフォーマンスが改善しない。ISO は経営に役立たない"という、問題をかか

えている組織も増えています。それでは、品質マネジメントシステムの適合性の改善から有効性の改善に変えれば、組織のパフォーマンスが改善し、経営に役に立つのでしょうか。ISO 9001 規格では、品質マネジメントシステムのプロセスに関して、次のように述べています。

(ISO 9001)

0.2 プロセスアプローチ	⑦ 組織が効果的に機能するためには、数多くの関連しあう活動を明確にし、運営管理する必要がある。 ⑧ インプットをアウトプットに変換することを可能にするために、資源を使って運営管理される活動は、プロセスとみなすことができる。

　品質マネジメントシステムの用語を定義している ISO 9000 規格では、有効性について、"目標や計画に対する達成度"と定義しています。適合性、有効性および効率の定義を図1.1 に、それらの事例を図1.2 に示します。またそれらと、⑦および⑧に述べたプロセスのインプットおよびアウトプットとの関係を示すと、図1.3 のようになります。

　ある製品の生産について考えましょう。月の途中で、製造装置の故障によって不良が多発し、生産に遅れが出たとします。このとき、製造装置の故障を修理し、休日出勤によって、その月の生産計画数の生産を達成できたとすると、結果は"有効"であったということになります。しかしこの場合は、追加材料の使用のほか、休日出勤による人件費や電気使用量の増加など、余分な資源を使ったため、"効率"が悪くなり、経営に悪影響を与えたことになります。

　また有効性は、例えば、不良率の目標を達成すればよいことになるため、不良率の目標値を緩和すれば、有効性は容易に達成できることになりますが、これでは組織にとって意味がありません。このことは、ISO 9001 の要求事項である適合性と有効性の限界といえます。

　ISO/TS 16949 の要求事項である③～⑥は、品質マネジメントシステムの各プロセスの有効性に加えて、効率を改善すること、そして製造工程のパフォーマンスそのものの継続的改善を求めています。監査には適合性と有効性が役に立ち、経営には効率とパフォーマンスが役に立つともいえます(図1.4 参照)。

[ISO 9001 認証組織の ISO/TS 16949 活用のポイント]

　組織のパフォーマンス改善のためには、ISO 9001 の要求事項である、適合性と有効性だけでなく、ISO/TS 16949 で求められている効率とパフォーマンスの改善についても考慮することが望まれます。

適合性	＝実施状況／要求事項	＝要求事項に対する実施の程度
有効性	＝結果・成果／目標・計画	＝目標・計画の達成度
効　率	＝結果・成果／資　源	＝投入資源に対する成果

図 1.1　適合性、有効性および効率の定義

	適合性の改善	有効性の改善	パフォーマンスの改善
目　的	要求事項への適合	目標・計画の達成	有効性・効率の改善
実績例	ルールどおりに実施	不良率の目標達成	不良率の継続的低減

図 1.2　適合性、有効性およびパフォーマンスの改善の例

第1章　ISO 9001 にはない重要なこと

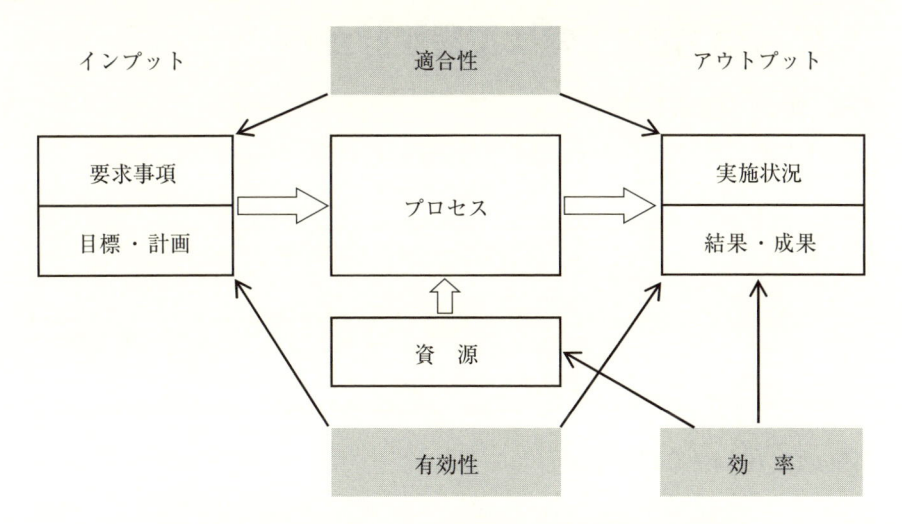

図1.3　プロセスにおける適合性、有効性および効率

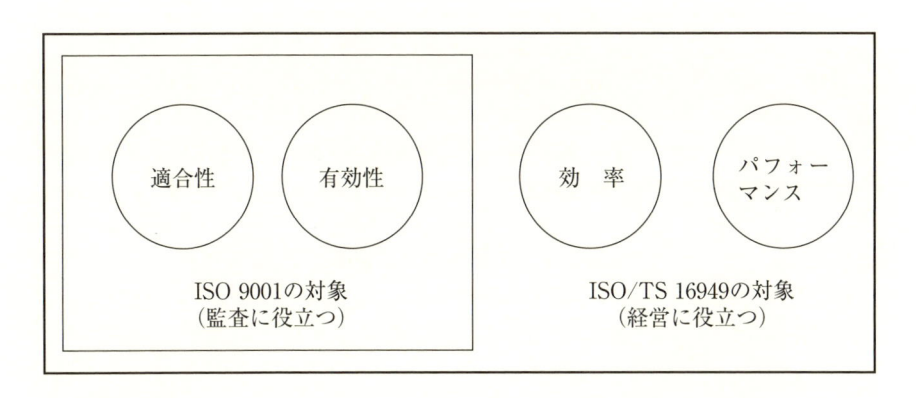

図1.4　監査に役立つ適合性と有効性、経営に役立つ効率とパフォーマンス

1.2　よい製造工程は工程設計から

［ISO 9001 の要求事項］

　ISO 9001 規格では、設計・開発に関して、次のことを求めています。

(ISO 9001)

7.3.1 設計・開発の計画	①　製品の設計・開発の計画を策定し、管理する。
7.1 製品実現の計画	②　製品実現プロセスの構築にあたって、7.3（設計・開発）の要求事項を適用してもよい。

［ISO/TS 16949 の要求事項］

　ISO/TS 16949 規格では、上記の ISO 9001 規格の要求事項に加えて、製造工程の設計・開発に関して、次のように述べています。

(ISO/TS 16949)

1.2 適用	③　ISO/TS 16949 では、製造工程に関して、設計・開発(7.3)の要求事項を適用除外することはできない。
7.3 設計・開発	④　設計・開発の要求事項は、製品と製造工程の両方に適用される。
0.5 ISO/TS 16949 の到達目標	⑤　ISO/TS 16949 の到達目標は、下記である。 ・不具合の予防 ・バラツキとムダの低減 ・継続的改善 ・サプライチェーン全体を対象とする。
6.3.1 工場、施設および設備の計画	⑥　設備のレイアウトは、次のようにする。 ・製造工程フローと部材の流れとの整合 ・フロアスペースの有効利用 ⑦　現在の運用の生産性と有効性を監視し、評価する。

[ISO 9001 認証組織への ISO/TS 16949 の活用方法]

　製造工程の設計・開発と製造との関係を図 1.5 に示します。製造の方法や条件を決めることが製造工程の設計・開発で、決められた製造方法と条件に従って製品を作ることが製造です。安定した効率のよい製造工程とするためには、製造工程の設計・開発が重要となります。

　ISO 9001 において設計・開発(7.3)が要求事項となるのは、①に述べたように、製品の設計・開発です。製造工程の設計・開発は必ずしも要求事項とはなっていません。ISO 9001 規格では、②に述べたように、"製品実現プロセスの構築にあたって、7.3(設計・開発)に規定する要求事項を適用してもよい"と述べています。これは製造工程などの製品実現プロセスについても、設計・開発の対象とすることができることを述べていますが、要求事項ではなく"注記"の位置付けです。

　したがって ISO 9001 では、製造工程を設計管理の対象とするかどうかは、組織が決めればよいことになっています。新しい製造プロセスを構築したり、新しい製造設備を導入しても、ISO 9001 規格には、それらを検証し、妥当性を確認するという要求事項がないのです。その結果、ISO 9001 認証を取得している製造業のなかには、製造工程を設計管理の対象としていない組織があるのが現状です。これに対して ISO/TS 16949 規格では、③および④に述べたように、製造工程の設計・開発は適用除外とはなりません(図 1.6 参照)。

　ISO/TS 16949 の目的は、⑤に述べたように、不具合(不適合)の予防だけでなく、バラツキとムダの低減です。すなわち、安定し、かつ能力のある製造工程を作り上げることが必要ですが、そのためには、製造工程の設計・開発を通して、よい製造工程を作り上げることが不可欠となります(図 1.7 参照)。

　ISO/TS 16949 規格ではまた、⑥および⑦に述べたように、生産性を考慮した効率的な製造工程の構築を求めています。これもまた製造工程設計・開発の結果といえるでしょう。

　ISO/TS 16949 規格では、製造工程設計・開発のアウトプットの例として、次のように述べています。

(ISO/TS 16949)

7.3.3.2 製造工程設計のアウトプット	⑧ 製造工程設計のアウトプットには、下記が含まれる。 ・製造工程フローチャート(プロセスフロー図) ・製造工程レイアウト図(設備の配置図) ・製造工程FMEA(プロセスFMEA) ・コントロールプラン(QC工程表) ・製造仕様書 ・作業指示書 ・各種評価データ(品質、信頼性、保全性、測定性)など

すなわち、⑧に示すアウトプットを作成することが、製造工程設計・開発の目的といえます。安定し、能力のある製造工程を構築するためのプロセスが、製造工程の設計・開発であり、製造業にとってはもっとも重要なプロセスです。

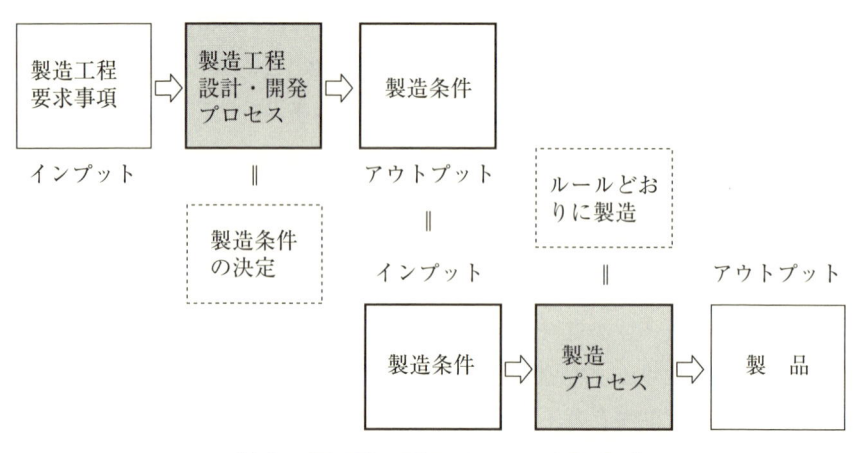

図1.5 製造工程設計・開発プロセスと製造プロセス

第1章　ISO 9001 にはない重要なこと

[ISO 9001 認証組織の ISO/TS 16949 活用のポイント]

　ISO 9001 認証組織の製造プロセスのパフォーマンス改善のためには、必ずしも ISO 9001 の要求事項ではありませんが、製品の設計・開発だけでなく、製造工程の設計・開発についても考慮することが効果的です。

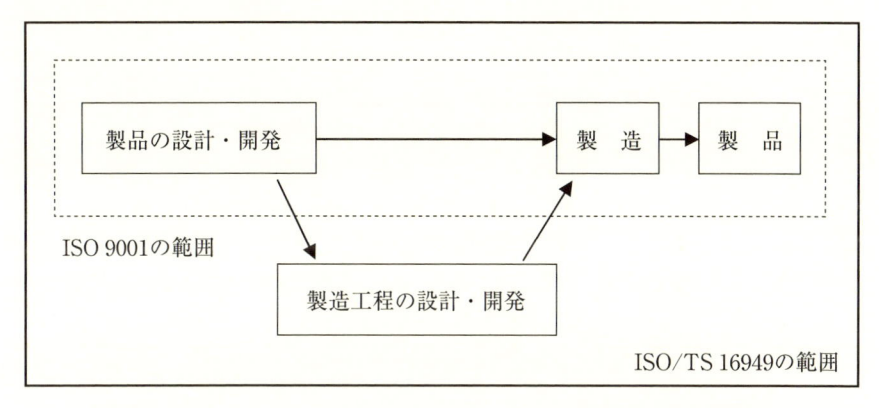

図 1.6　ISO 9001 と ISO/TS 16949 における設計・開発の範囲

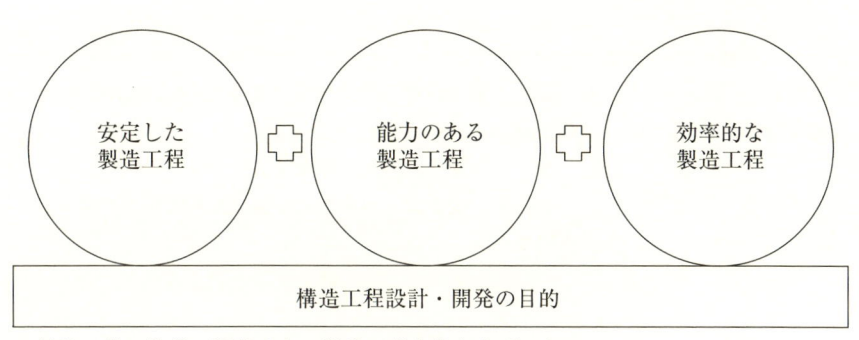

＊製造工程の設計・開発はよい製造工程を作り上げるため

図 1.7　製造工程設計・開発の目的

1.3　品質保証のためには変更管理が重要

[ISO 9001 の要求事項]

　ISO 9001 規格では、設計・開発の変更管理に関して、次のことを求めています。

(ISO 9001)

7.3.7 設計・開発の変更管理	①　設計・開発の変更内容を明確にする。 ②　変更に対して、レビュー、検証および妥当性確認を行い、その変更を実施する前に承認する。 ③　設計・開発の変更のレビューには、その変更が、製品を構成する要素、およびすでに引き渡されている製品に及ぼす影響の評価を含める。

[ISO/TS 16949 の要求事項]

　ISO/TS 16949 規格では、変更管理に関して、次のように述べています。

(ISO/TS 16949)

7.1.4 変更管理	④　製品実現プロセスに関係する変更管理のプロセス(手順)を構築する。 ⑤　あらゆる変更の影響を評価する。 ⑥　この要求事項は、製品および製造工程の両方の変更に適用する。 ⑦　この要求事項は、供給者による変更を含める。
7.3.6.3 製品承認プロセス	⑧　製品および製造工程に対して、顧客の承認手順(製品承認プロセス)に適合する。 ⑨　この要求事項は、供給者にも適用する。
7.3.7 設計・開発の変更	⑩　設計・開発の変更は、製品の生産が計画されている期間におけるすべての変更を含む。

[ISO 9001 認証組織への ISO/TS 16949 の活用方法]

①～③に述べたように、変更管理の手順は、図 1.8 に示すようになります。

ISO 9001 規格には、製品の設計・開発に関する変更管理という要求事項（7.3.7）がありますが、製造工程の変更や供給者（部品・材料およびそれらの製造工程）の変更を含めた、変更管理全般の要求事項がありません。

ISO/TS 16949 のガイダンスマニュアル（guidance manual）では、次のように、変更管理が必要な理由を述べています。

（ISO/TS 16949 ガイダンスマニュアル）

7.1.4 変更管理	⑪ 製品および製造工程に対する変更管理が不十分なために、顧客だけでなく組織における品質問題を引き起こすことが、経験的に知られている。

例えば製造業において、市場不良が発生したり、工場内での不良が多発した場合に、その原因を調査すると、材料や製造条件などを変更した際の、検証や妥当性確認が不十分であったことがよくあります。そのような場合は、変更管理が適切に行われていなかったということになります。

ISO/TS 16949 規格では変更管理に関して、④～⑦に述べたように、供給者による変更を含めた、製品実現プロセス全体に対する変更を管理することを求めています（図 1.9 参照）。

ISO/TS 16949 規格ではまた、⑧および⑨に述べたように、供給者の変更を含めた製品実現プロセスの変更に対して、顧客の承認（製品承認プロセス、PPAP）が必要なことを述べています。

また⑩に述べたように、ISO/TS 16949 規格では、設計・開発の変更は、製品の生産が計画されている期間全般における変更を対象としています。

ところで、わが国の製造業では ISO 9001 に限らず、4 M 管理として、作業者（man）、装置（machine）、材料（material）、作業方法（method）などが変更になった場合の管理（変化点の管理）が重要であるといわれています。このように、品質保証のためには変更管理が重要です（図 1.10 参照）。

⑪に述べた、"製品および製造工程の変更に対する変更管理が不十分なために、顧客だけでなく組織における品質問題をも引き起こすことが経験的に実証されている"という、ISO/TS 16949 ガイダンスマニュアルのコメントと同様の経験をされた読者も多いことでしょう。ISO 9001 規格には、"変更管理"という製品の品質保証のために重要な項目が抜けているといえます。

[ISO 9001 認証組織の ISO/TS 16949 活用のポイント]

ISO 9001 認証組織の品質保証のために、ISO 9001 の要求事項である製品の設計・開発の変更管理だけでなく、ISO/TS 16949 で求められているように、製造工程や部品・材料を含めた、製品実現プロセス全般のわたる変更管理について考慮することが望まれます。わが国の製造業において一般的に行われているいわゆる4M変更管理は、これに相当するものと考えられます。

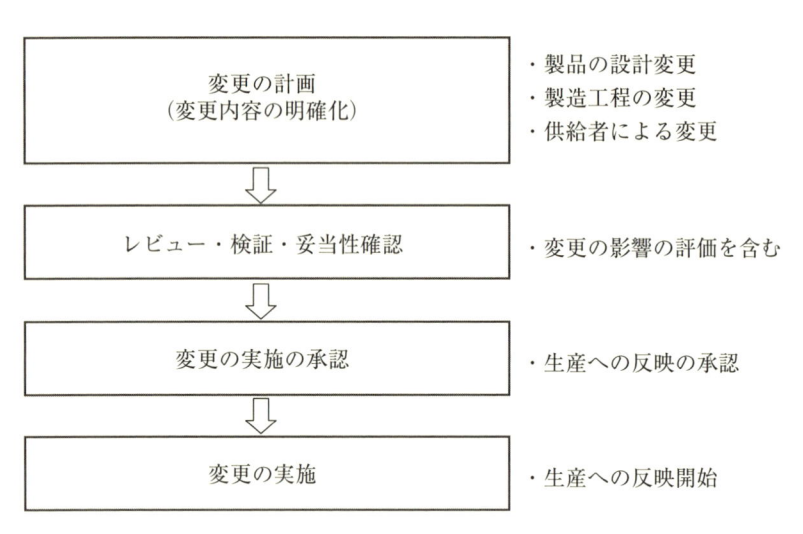

```
変更の計画              ・製品の設計変更
(変更内容の明確化)      ・製造工程の変更
                        ・供給者による変更
      ↓
レビュー・検証・妥当性確認   ・変更の影響の評価を含む
      ↓
変更の実施の承認         ・生産への反映の承認
      ↓
変更の実施              ・生産への反映開始
```

図1.8　変更管理のフロー

第 1 章　ISO 9001 にはない重要なこと

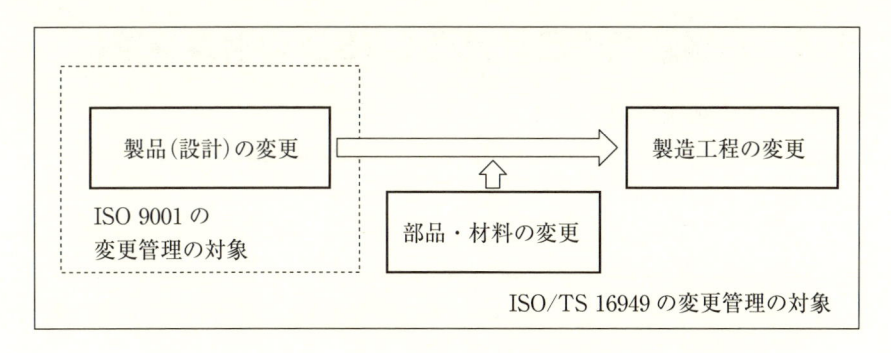

図 1.9　ISO 9001 と ISO/TS 16949 の変更管理の対象

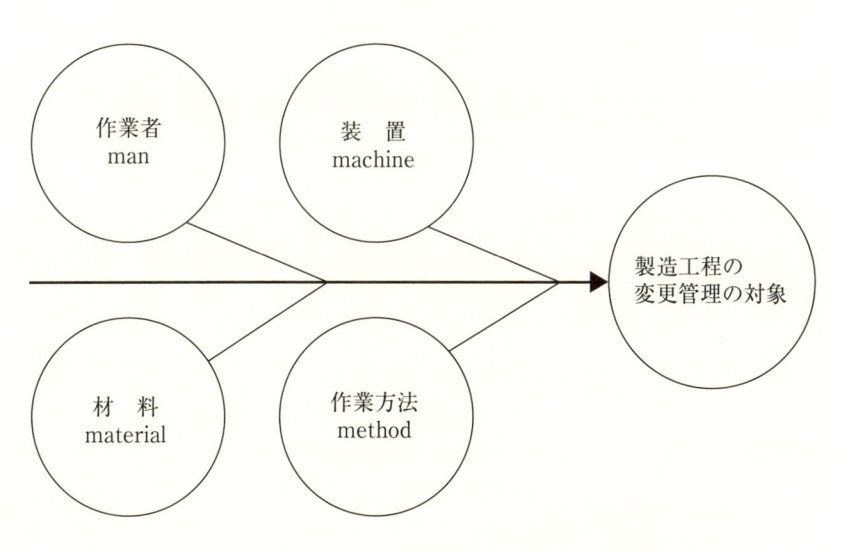

図 1.10　製造工程の変更管理の対象（4 M 管理）

1.4　営業部門や設計部門もISOの対象範囲に

[ISO 9001の要求事項]

　ISO 9001規格では、適用範囲すなわちISOの対象範囲に関して、次のように述べています。

(ISO 9001)

1.2 適用範囲／適用	①　組織やその製品の性質によって、ISO 9001規格の要求事項のいずれかが適用不可能な場合には、その要求事項の適用除外を考慮してもよい。 ②　ただし、適用除外を行うことによって、顧客要求事項および適用される規制要求事項を満たす製品を提供するという、組織の能力または責任に何らかの影響を及ぼす場合は、その要求事項は適用除外できない。

[ISO/TS 16949の要求事項]

　ISO/TS 16949規格では、適用範囲に関して、上記のISO 9001規格の要求事項に加えて、次のように述べています。

(ISO/TS 16949)

1.1 適用範囲／一般	③　ISO/TS 16949は、顧客向けの製品を製造する、組織のサイト(工場)に適用される。 ④　設計部門、本社および配給センター(倉庫)のような支援部門は、サイトに隣接していても離れていても、審査(ISO/TS 16949審査)の対象に含まれる。

[ISO 9001認証組織へのISO/TS 16949の活用方法]

　①に述べたように、ISO 9001では、ISO 9001規格要求事項のうちの一部の適用を除外(適用除外)することができます。工場を中心にISO 9001認証を取得している組織のなかには、本社の営業部門や、各地の支店、および工場とは離れた場所にある設計部門などを、ISO 9001認証の範囲に含めていない場合があるようですが、これは、②に述べたように、ISO 9001の目的である顧客

満足の観点から問題です。そのような組織の言い訳を聞くと、"ISO 9001 認証は工場で取得しており、本社組織は工場の範囲には含まれないため"という返事が返ってきます。これは、組織中心の考えです。営業部門や設計部門がISOの対象範囲に含まれていないことは、品質保証と顧客満足というISO 9001 認証の趣旨を考えると、顧客にとって理解できるものではありません。

ISO/TS 16949では、④に述べたように、営業部門や設計部門を認証範囲（審査対象組織）から除くことはできません。ISO/TS 16949 では、顧客の視点に立った運用が行われています。このことは、営業部門や設計部門などの、工場に対する支援部門が、工場から離れた場所にある場合（遠隔地の支援事業所）も、また関連会社やアウトソースである場合も同様です（図1.11 参照）。

[ISO 9001 認証組織の ISO/TS 16949 活用のポイント]

顧客満足のためには、ISO 9001 認証においても、ISO/TS 16949 と同様、工場とは離れた営業部門や設計部門を含めた認証範囲とすることが望まれます。

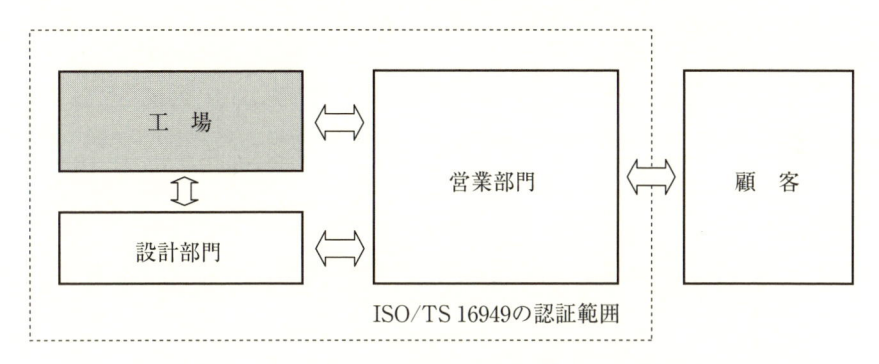

図1.11　顧客満足のためには、遠隔地の設計部門や営業部門も対象範囲に

区　分		自動車メーカーおよび関連機関
IATFメンバー	自動車メーカー	クライスラー、フォード、GM、BMW、ダイムラー、フィアット、PSA プジョーシトロエン、ルノー、フォルクスワーゲンの9社
	自動車工業団体	AIAG（アメリカ）、ANFIA（イタリア）、FIEV（フランス）、SMMT（英国）、VDA（ドイツ）の5ヶ国
IATF 監督機関		IAOB（アメリカ）、ANFIA（イタリア）、IATF-France（フランス）、SMMT（イギリス）、VDA-QMC（ドイツ）

［備考］ IATF：International Automotive Task Force

図 1.12　IATF メンバーの構成

規格 年	ISO 9001 規格	QS-9000 規格	ISO/TS 16949 規格
1987	第1版発行		
1994	第2版発行	第1版発行	
1998		第3版発行	
1999			第1版発行
2000	第3版発行		
2002			第2版発行
2006		廃　　止	
2008	第4版発行		
2009			第3版発行

［備考］ QS-9000：米国ビッグスリーの品質マネジメントシステム規格

図 1.13　ISO/TS 16949 規格制定の経緯

第2章

◆

製品の品質に限定しないことがポイント

"ISO 9001は品質マネジメントシステム規格であるから、管理の対象は製品の品質に限定されるべきである"という人がいます。しかし、これでは経営に役に立つとはいえません。品質マネジメントシステムの対象を製品の品質に限定しないことが、ISOを経営に活用するポイントです。

本章では、顧客満足、生産性の向上、品質向上とコスト低減の両立、および品質目標と事業計画などについて説明します。

なお、ISO/TS 16949には、ISO/TS 16949規格以外に、図2.7(p.50)に示す種々の関連規格があります。

2.1　顧客は品質だけでは満足しない

[ISO 9001 の要求事項]

　ISO 9001 規格では、顧客満足 (customer satisfaction) に関して、次のことを求めています。

(ISO 9001)

8.2.1 顧客満足	①　顧客要求事項を満たしているかどうかに関して、顧客がどのように受けとめているかについての情報を監視する。 ②　顧客満足度の監視には、顧客満足度調査、製品の品質に関する顧客からのデータ、ユーザ意見調査、失注分析、顧客からの賛辞、補償請求およびディーラ報告のようなインプット情報を含めることができる。

[ISO/TS 16949 の要求事項]

　ISO/TS 16949 規格では、顧客満足に関して、上記の ISO 9001 規格の要求事項に加えて、次のように述べています。

(ISO/TS 16949)

8.2.1.1 顧客満足	③　顧客満足度を監視するために、次の製品実現プロセスのパフォーマンスを評価する。 ・顧客に納入した製品の品質実績 ・返品、クレームなどの顧客の迷惑 ・納期実績(特別輸送費が発生する不具合を含む) ④　製品の品質とプロセスの効率が、顧客の要求に適合していることを確認するために、製造工程のパフォーマンスを監視する。
8.2.1 顧客満足	⑤　組織内部の顧客(次工程など)および外部の顧客の両方について考えることが望ましい。

第 2 章　製品の品質に限定しないことがポイント

[ISO 9001 認証組織への ISO/TS 16949 の活用方法]

　ISO 9001 規格の目的は、品質保証と顧客満足であるといわれています。そのために、①および②に述べたように、顧客満足度調査、顧客のクレーム、製品の品質実績などを監視することが求められています。

　ところで、製品の品質がよければ、それだけで顧客は満足するでしょうか。顧客にとっては、品質だけでなく、製品の価格や納期も重要な要素ではないでしょうか。しかし ISO 9001 は、製造コストや生産性については述べていません。品質ではないこれら要素は、ISO 9001 の対象に含めるべきではないという人もいます。製造コストや生産性が、ISO 9001 の範囲に含まれるかどうかは別の議論として、製品の品質だけでは、顧客満足を得られないばかりでなく、組織の経営にとっても役に立つISOとはならないことは確かです。これが、顧客満足と組織の経営を考えた場合の、ISO 9001 の課題といえます。

　ISO/TS 16949 規格では、③に述べたように、顧客満足の改善のために、顧客のクレーム、製品の品質実績、納期実績などの製品実現プロセスのパフォーマンスを監視して改善すること、および④に述べたように、製造工程そのもののパフォーマンスを監視し、改善することを求めています。

　製造工程のパフォーマンスに関しては、ISO/TS 16949 のガイダンスマニュアルにおいて、直行率、工期、生産平準化、ポカヨケの回数などを監視することを述べています（図 2.1 参照）。

　すなわち、顧客に直接影響のある製品の品質や納期などのパフォーマンスだけでなく、顧客満足の監視項目として、生産性を含めた製造工程そのもののパフォーマンスの監視・改善について求めていることが、ISO/TS 16949 の特徴です。製造工程が改善されなければ、コストや価格を含めて、結果的に顧客満足につながらないという考えです。

　なお、顧客満足度の監視の対象顧客は、組織にとっての直接の顧客（組織が製品を提供する顧客）以外に、最終顧客（製品の使用者）についても考慮するとよいでしょう。

　ISO/TS 16949 ではまた、⑤に述べたように、外部顧客だけでなく、内部顧客についても、顧客の対象としています。いわゆる社外顧客（組織にとっての本当の顧客）と社内顧客（組織内の次工程）です。ISO 9001 規格（および ISO/

TS 16949 規格)では、その序文において、組織の品質マネジメントシステムのインプットは顧客の要求・期待であり、アウトプットは、顧客の満足であると述べていますが、このことは、社外顧客だけでなく社内顧客に対してもあてはめることができます。

各プロセスのパフォーマンスを監視する場合に、直接外部の顧客との接点が少ないプロセスや部門にとっては、次工程を社内顧客と考えることによって、自分のプロセスのパフォーマンスの監視指標の設定が明確になり、プロセスアプローチの運用が確実になります(図2.2参照)。

[ISO 9001 認証組織の ISO/TS 16949 活用のポイント]

本当の顧客満足のためには、顧客に直接影響のある製品の品質や納期などのパフォーマンスだけでなく、生産性やコストを含めた製造工程そのもののパ

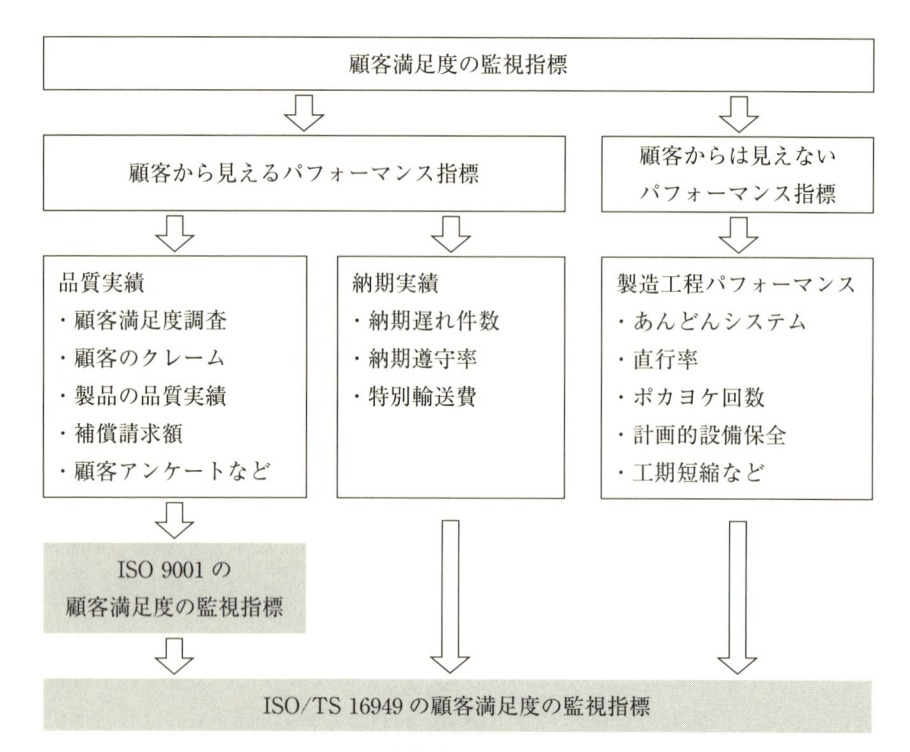

```
                    顧客満足度の監視指標
              ┌──────────┴──────────┐
              ▽                     ▽
   顧客から見えるパフォーマンス指標      顧客からは見えない
                                   パフォーマンス指標
        ▽              ▽                ▽
   ┌─────────┐  ┌─────────┐  ┌──────────────┐
   │ 品質実績 │  │ 納期実績 │  │ 製造工程パフォーマンス │
   │・顧客満足度調査│  │・納期遅れ件数│  │・あんどんシステム │
   │・顧客のクレーム│  │・納期遵守率 │  │・直行率      │
   │・製品の品質実績│  │・特別輸送費 │  │・ポカヨケ回数   │
   │・補償請求額  │  └─────────┘  │・計画的設備保全  │
   │・顧客アンケートなど│              │・工期短縮など   │
   └─────────┘                  └──────────────┘
        ▽
   ┌─────────┐
   │ ISO 9001 の │
   │顧客満足度の監視指標│
   └─────────┘
        ▽              ▽                ▽
   ┌──────────────────────────────────┐
   │    ISO/TS 16949 の顧客満足度の監視指標     │
   └──────────────────────────────────┘
```

図 2.1　顧客満足度の監視指標

フォーマンスを監視し、改善することが効果的です。

また、製造工程のパフォーマンスの監視に関しては、外部顧客だけでなく社内顧客(すなわち次工程)を考慮することによって、プロセスのパフォーマンスの監視指標の設定が明確になり、プロセスの改善につなげることができます。

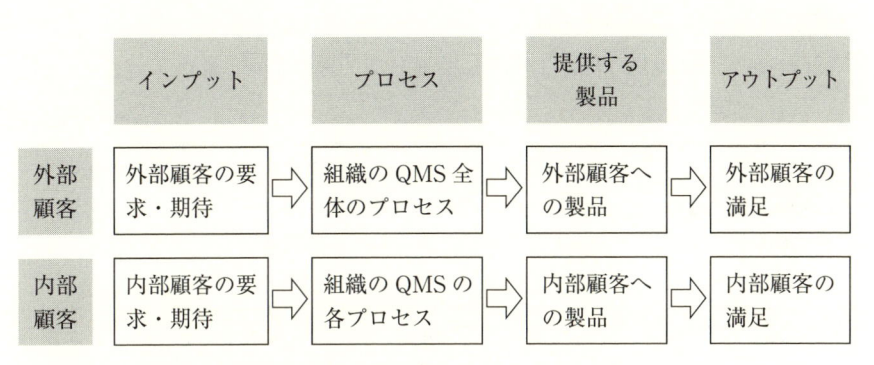

	インプット		プロセス		提供する製品		アウトプット
外部顧客	外部顧客の要求・期待	⇒	組織のQMS全体のプロセス	⇒	外部顧客への製品	⇒	外部顧客の満足
内部顧客	内部顧客の要求・期待	⇒	組織のQMSの各プロセス	⇒	内部顧客への製品	⇒	内部顧客の満足

［備考］・QMS：品質マネジメントシステム
　　　　・製品には半製品およびサービス含まれる。
　　　　・内部顧客には組織内の次工程が含まれる。

図 2.2　外部顧客と内部顧客

2.2 生産性の向上

[ISO 9001 の要求事項]

ISO 9001 規格では、生産性についての要求事項はありません。

[ISO/TS 16949 の要求事項]

ISO/TS 16949 規格では、生産性に関連して、次のように述べています。

(ISO/TS 16949)

6.3.1 工場、施設および設備の計画	① 設備のレイアウトは、製造工程フローと整合したものとし、作業の有効性を評価する。 ② 人間工学的要素、および作業者とラインのバランスを考慮した、リーン生産方式とする。
7.5.1.6 生産計画	③ 生産は、受注生産方式に対応したものとする。 ④ 主要工程の生産情報にアクセスできる情報システムにもとづいた、ジャストインタイムの生産計画とする。
7.5.5.1 在庫管理	⑤ 在庫管理システムは、次のようなものとする。 ・在庫回転時間の最適化 ・先入れ先出し（FIFO）

[ISO 9001 認証組織への ISO/TS 16949 の活用方法]

ISO 9001 規格は、適合性と有効性を要求事項とする規格であるため、効率の指標である生産性については、特に述べていません。

ISO/TS 16949 規格では、①および②に述べたように、工場の施設および装置の計画は、リーン生産方式にもとづくことを述べています。"リーン"（lean）はムダのないという意味で、リーン生産方式は、製造工程フローと整合し、作業者とラインのバランス、および工場のレイアウトを最適化し、必要なものを必要なときに必要な数量だけ生産するという生産管理方式のことです。また ISO/TS 16949 規格では、③および④に述べたように、"生産は、受注生産方式に対応し、主要な工程の生産情報にアクセスできる情報システムによって支援された、ジャストインタイム（just-in-time）の生産計画とする"ことを述べ

ています。リーン生産方式は、1980年代に米国のマサチューセッツ工科大学（MIT）で、日本の自動車産業における生産方式（おもにトヨタ生産方式）を研究し、その成果を再体系化・一般化した、生産管理手法の一種といわれています（図2.3参照）。

なお、"主要工程の生産情報にアクセスできる情報システム"とは、特定の製品が現在製造工程のどの段階にあるかがわかるような、生産情報システムのことです。また⑤に述べたように、ISO/TS 16949規格では、在庫管理に関して、在庫回転時間を最適化し、"先入れ先出し"（first-in first-out、FIFO）の在庫管理システムとすることを述べています。

[ISO 9001認証組織のISO/TS 16949活用のポイント]

ISO/TS 16949で求められているように、製造工程フローと整合した製造設備の配置と、ジャストインタイム（JIT）の受注生産方式、および適切な在庫管理によって、効率的な生産性を確保することが望まれます。

生産管理システム：リーン生産方式	設備の効果的な配置	・製造工程フローにあった設備のレイアウト ・作業の有効性の評価
	生産計画	・ジャストインタイムの受注生産方式 ・製品が現在製造工程のどの段階にあるかがわかるような、生産情報システム
	在庫管理	・先入れ先出しの在庫管理システム ・納期と生産性の両方を考慮した在庫管理

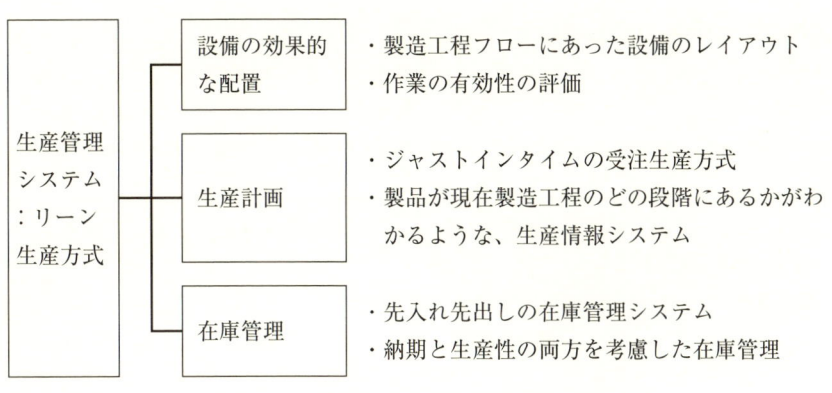

図2.3　ISO/TS 16949における生産管理システム

2.3　品質向上とコスト低減の両立

[ISO 9001 の要求事項]

　ISO 9001 規格では、品質の確保に関連して、次のことを求めています。

(ISO 9001)

7.5.1 製造およびサービス提供の管理	①　製造およびサービス提供を計画し、管理された状態で実行する。
8.5.1 継続的改善	②　品質方針、品質目標、監査結果、データの分析、是正処置…マネジメントレビューを通じて、品質マネジメントシステムの有効性を継続的に改善する。
8.5.2 是正処置	③　再発防止のため、不適合の原因を除去する処置をとる。

[ISO/TS 16949 の要求事項]

　ISO/TS 16949 規格では、品質、コストおよび生産性などに関して、次のように述べています。

(ISO/TS 16949)

0.5 ISO/TS 16949 の到達目標	④　ISO/TS 16949 の到達目標は、下記のとおりである。 ・不具合の予防 ・バラツキとムダの低減 ・継続的改善
8.5.1.2 製造工程の改善	⑤　製造工程を継続的に改善することによって、製品特性と製造工程特性のバラツキを低減する。
7.3.2.1 製品設計のインプット	⑥　製品設計のインプットには、下記が含まれる。 ・製品要求事項への適合 ・製品寿命、信頼性、耐久性、保全性の目標 ・コストの目標など

7.3.2.2 製造工程設計のインプット	⑦　製造工程設計には、下記の目標が含まれる。 ・生産性、工程能力 ・コストなど
5.6.1.1 品質マネジメントシステムのパフォーマンス	⑧　マネジメントレビューのレビュー項目には、下記が含まれる。 ・品質目標の達成状況 ・品質不良コストの実績

[ISO 9001 認証組織への ISO/TS 16949 の活用方法]

　①は、ルールどおりに製造を行うこと、②は、品質マネジメントシステムの有効性を改善すること、そして③は、発生した不適合の再発を防止することを述べています。しかしどちらかというと、これらは、"品質の確保"のためであって、"品質そのものの向上"や"コストの低減"に関するものとはいえません。適合性と有効性を目的とする ISO 9001 規格では、品質向上やコスト低減などの"効率"に関する要求事項は、明確には存在しません。

　④および⑤に述べたように、ISO/TS 16949 規格では、その到達目標（goal）として、"不具合の予防"および"バラツキとムダの低減"について、すなわち品質、生産性およびコストを改善することを述べています。また⑥および⑦は、製品の設計・開発および製造工程の設計・開発段階において、製品コストや製造コストを検討しておくことを述べています。

　ところで、"品質とコストはトレードオフ（trade-off、二律背反）である"といわれることがあります。これは、"品質のよいものはコスト（原価）が高くなる"という意味です。しかしこの言葉は、ISO/TS 16949 では通用しません。確かに、品質のよい製品は高い価格で売れるでしょう。ISO/TS 16949 のねらいは、欲張っていますが、品質向上とコスト低減の両立です。製造工程を安定させることによって、製造工程のバラツキとムダをなくし、その結果として品質が向上するだけでなく、生産性が向上し、コストが下がり、顧客満足と組織のパフォーマンスの向上の両方に寄与するというものです（図 2.4 参照）。

　すなわち ISO/TS 16949 のねらいは、製品検査で不良品を検出することによって、顧客に出荷する製品の品質を保証するというものではなく、不良品その

ものの発生を予防し、そのパフォーマンスを継続的に改善すること、そして、製造工程を安定させ、工程能力を向上させ、すなわち製造工程のレベルを向上させることによって、品質向上、生産性向上およびコスト低減のいずれも達成し、その結果として顧客満足と組織のパフォーマンスの改善につなげるというものです。このことは、ISO 9001 認証組織にもあてはまることといえます。

また⑧は、マネジメントレビューにおいて、品質不良コストについてレビューすることを求めています。これは、不良の数や不良率などの値よりも、不良による損失コスト(金額)をレビューすることによって、経営者はより効果的に、とるべき処置を判断できるからです(図2.5 参照)。

なおコスト低減の目的は、組織の経営体質の強化と、顧客にとっての継続的な価格低減の両方がありますが、顧客満足を最大の目的とする ISO 9001 や ISO/TS 16949 では、コスト低減による品質の低下という品質面のリスクを、顧客に転嫁しないことが重要であることはいうまでもありません。

[ISO 9001 認証組織の ISO/TS 16949 活用のポイント]

ISO/TS 16949 のねらいは、製造工程を安定させ、工程能力を向上させることによって、品質向上、生産性向上およびコスト低減のいずれも達成し、その結果として顧客満足と組織のパフォーマンスの改善につなげるというものです。

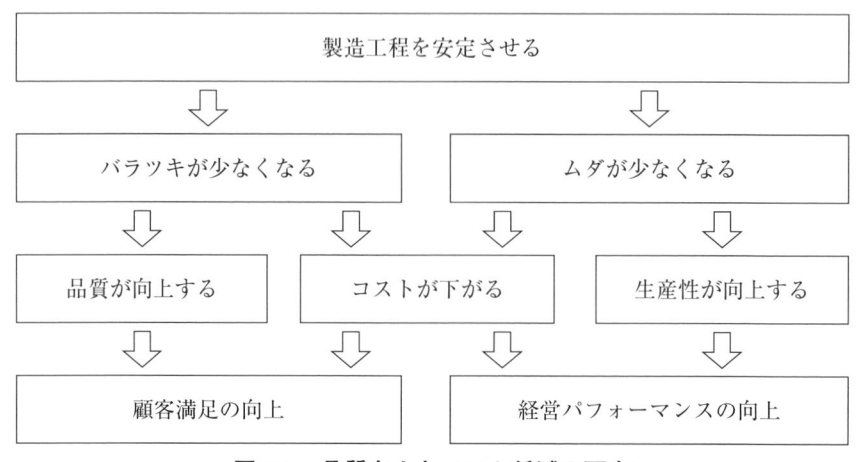

図 2.4　品質向上とコスト低減の両立

このことは、ISO 9001 認証組織にもあてはまることといえます。

なおコスト低減の目的は、組織の経営体質の強化と、顧客にとっての継続的な価格低減の両方がありますが、顧客満足を最大の目的とする ISO 9001 や ISO/TS 16949 では、コスト低減による品質の低下という品質面のリスクを顧客に転嫁しないことが重要です。

	ISO 9001 のねらい	・要求事項への適合 ・有効性の継続的改善 ・是正処置（不適合の再発防止）
ISO/TS 16949 のねらい	製造工程の改善	・不適合の予防 ・製造工程のバラツキとムダの低減 ・製造工程の継続的改善
	品質とコスト	・品質・信頼性の目標達成 ・生産性およびコストの目標達成 ・工程能力目標の達成
	マネジメントレビュー	・品質目標の監視 ・品質不良コストのレビュー

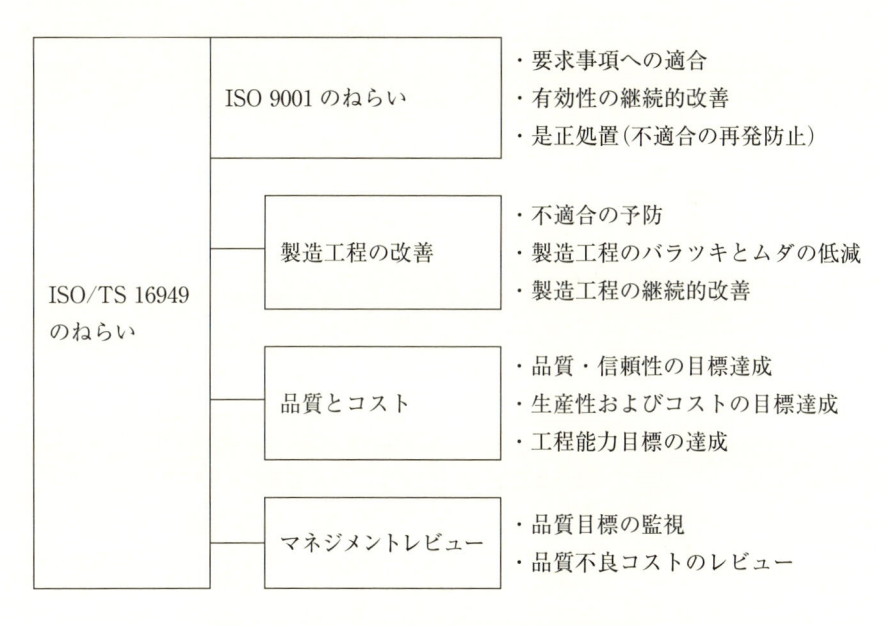

図 2.5　ISO 9001 と ISO/TS 16949 のねらい

2.4　品質目標は事業計画の一部

［ISO 9001 の要求事項］

　ISO 9001 規格では、品質目標に関して、次のことを求めています。

(ISO 9001)

5.4.1 品質目標	① 組織内のしかるべき部門および階層において、品質目標を設定する（製品要求事項に関するものを含む）。 ② 品質目標は、その達成度が判定可能で、品質方針との整合がとれているものとする。

［ISO/TS 16949 の要求事項］

　ISO/TS 16949 規格では、上記の ISO 9001 規格の要求事項に加えて、品質目標に関して、次のように述べています。

(ISO/TS 16949)

5.4.1.1 品質目標	③ 品質目標とその評価指標を、事業計画書に含める。
5.6.1.1 品質マネジメントシステムのパフォーマンス	④ マネジメントレビューのレビュー項目には、下記を含める。 ・品質目標の達成状況 ・品質不良コストの実績 ⑤ マネジメントレビューの結果は、次の事項の達成の証拠となるように記録する。 ・事業計画書に記載された品質目標

［ISO 9001 認証組織への ISO/TS 16949 の活用方法］

　ISO 9001 規格では、品質目標に関して、①および②のように述べています。したがって、ISO 9001 認証組織の品質目標は、いわゆる"品質"に関するものを中心としている組織が多いようです。品質目標は、ISO のための目標であっ

て、組織にとって重要な事業計画は別に存在し、事業計画における品質目標の位置付けが明確でない場合もあるようです。また ISO 9001 規格では、マネジメントレビューのインプット項目(5.6.2)に品質目標が含まれていないため、マネジメントレビューにおいて、品質目標の達成状況をレビューする必要があるのかどうかが、必ずしも明確でありません。

一方 ISO/TS 16949 では、③に述べたように、品質目標とその評価指標を事業計画書に含めることを述べています。品質目標は事業計画の一部という位置づけです。また④および⑤では、事業計画の一部として、マネジメントレビューにおいて品質目標の達成状況をレビューすることを述べています。事業計画には、顧客から見える製品の品質と納期だけでなく、生産性、コスト、利益など、組織にとって重要な経営指標が含まれるのが一般的です。"品質目標は ISO のための目標であって、組織にとって重要なのは事業計画である"という考え方ではなく、品質目標と事業計画を別のものとしないことが、ISO を成功させるポイントです(図 2.6 参照)。

[ISO 9001 認証組織の ISO/TS 16949 活用のポイント]

ISO 9001 認証組織にとっても、ISO/TS 16949 で求められているように、品質目標と事業計画を別のものとしないことが、ISO を成功させるポイントです。

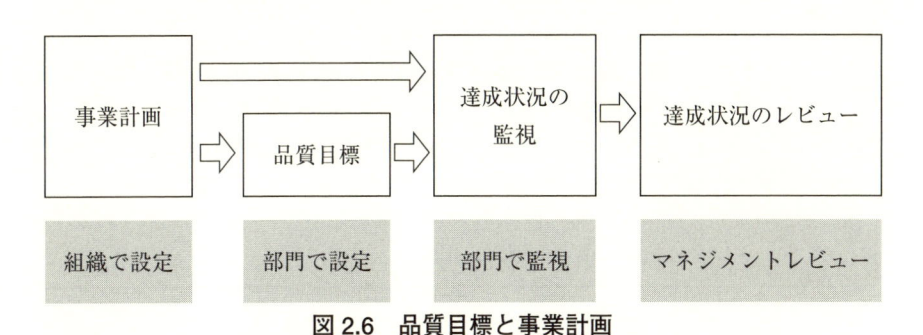

図 2.6 品質目標と事業計画

区分	名称および内容
ISO/TS 16949 規格	"ISO/TS 16949：2009 品質マネジメントシステム－自動車生産および関連サービス部品組織の ISO 9001：2008 適用に関する固有要求事項" ISO 9001：2008 の要求事項を変更することなく基本規格として採用し、それに自動車業界共通の要求事項を加えたもの。
ISO/TS 16949 ガイダンスマニュアル	"ISO/TS 16949：2009 ガイダンスマニュアル" 自動車業界のプロセスアプローチ、内部監査および ISO/TS 16949 規格要求事項などに対する手引きを示すもの。
参照マニュアル（コアツール）	米国のビッグスリーによって準備された次の5種類がある。 ・APQP（先行製品品質計画） ・PPAP（製品承認プロセス、生産部品承認プロセス） ・FMEA（故障モード影響解析） ・SPC（統計的工程管理） ・MSA（測定システム解析）
顧客固有の要求事項	各自動車メーカー固有の要求事項 IATF メンバーの自動車会社各社の要求事項は、IATF のウェブサイトで公開されている。
IATF 承認取得ルール	"ISO/TS 16949 認証制度 IATF 承認取得ルール第3版" ISO/TS 16949 認証に対する IATF の承認取得のルールを示す、ISO/TS 16949 認証機関に対する要求事項の規格。
SI、FAQ	公式解釈集（sanctioned interpretations）、およびよくある質問（frequently asked questions）。

図 2.7　ISO/TS 16949 の関連規格

第3章

キー（鍵）は製造工程の改善

　ISO 9001規格は、サービス業を含むあらゆる業種に適用される品質マネジメントシステム規格です。したがってISO 9001規格には、製造工程に関する具体的な内容は、それほど多くは記載されていません。

　製造業にとってもっとも重要なのは製造工程です。ISO/TS 16949規格には、製造工程の改善に関する要求事項がたくさん含まれています。これらのISO/TS 16949規格に追加された要求事項は、自動車業界だけでなく、あらゆる製造業のパフォーマンス改善のために活用することができます。

　本章では、安定性と工程能力、段取り替え検証、コントロールプラン、予防保全と予知保全、プロセスの妥当性確認、および特別輸送費の監視などについて説明します。

3.1　安定でかつ能力のある製造工程

[ISO 9001 の要求事項]

　ISO 9001 規格では、製造工程の管理および統計的手法の利用に関して、次のことを求めています。

(ISO 9001)

7.5.1 製造およびサービス提供の管理	①　製造およびサービス提供を計画し、管理された状態で実行する。
8.1 測定、分析および改善／一般	②　次の事項のために必要となる監視、測定、分析および改善のプロセスを計画し、実施する。…これには、統計的手法を含め、適用可能な方法、およびその使用の程度を決定することを含める。
8.2.3 プロセスの監視および測定	③　品質マネジメントシステムのプロセスの監視および測定には、適切な方法を適用する。これらの方法は、プロセスが計画どおりの結果を達成する能力があることを実証する。 ④　計画どおりの結果が達成できない場合には、適切に、修正および是正処置をとる。

[ISO/TS 16949 の要求事項]

　ISO/TS 16949 規格では、製造工程の安定性と工程能力に関連して、次のように述べています。

(ISO/TS 16949)

0.5 ISO/TS 16949の到達目標	⑤　ISO/TS 16949 の到達目標は、下記である。 ・不具合の予防 ・バラツキとムダの低減 ・継続的改善
8.5.1.2 製造工程の改善	⑥　製品特性と製造工程特性のバラツキを低減する。 ⑦　そのために、製造工程を継続的に改善する。

7.5.1.1 コントロールプラン	⑧ 製造工程が統計的に不安定または能力不足になった場合は、コントロールプランに記載された対応処置を実施する。
8.2.3.1 製造工程の監視および測定	⑨ 統計的に不安定または能力不足の特性に対して、コントロールプランに記載された対応処置を実施する。 ⑩ 対応処置には、製品の隔離および全数（100％）検査などがある。

[ISO 9001 認証組織への ISO/TS 16949 の活用方法]

　ISO 9001 規格では、①に述べたように、製造工程を管理すること、また③および④に述べたように、製造プロセスを含む品質マネジメントシステムのプロセスを監視・測定して、必要な修正と是正処置をとること、そのために、②に述べたように、統計的手法を活用することを述べています。しかし、具体的にどのように製造工程を管理すればよいのか、またどのような統計的手法をどのように活用すればよいのかについては述べていません。

　ISO/TS 16949 のねらいは、⑤～⑦に述べたように、製造工程のバラツキとムダの低減です。そのために、⑧および⑨に述べたように、安定し、かつ工程能力のある製造工程とすることを述べています。すなわち、不安定な工程と能力不足の工程を区別しています。統計的に管理外れの状態にある工程が"不安定な工程"で、規格値を満たす能力のない工程（すなわち検査で不良品を取り除く必要のある工程など）が"能力不足の工程"です（図 3.2、図 3.3 参照）。

　不安定または能力不足の工程に対しては、⑨および⑩に述べたように、全数検査が必要となるのが一般的です。この場合は、不良品が発生したり、検査コストが発生するため、コストアップにつながります。一方、安定し、かつ能力のある工程に対しては、全数検査は必ずしも必要ではありません（図 3.1 参照）。

　不安定な工程では、製品特性分布の形状（中心位置または分布の幅）がそのつど変動します。この場合の変動（バラツキ）の原因には、共通原因以外に特別原因が存在します。特別原因の影響は、管理図では管理限界を超えた点、あるいは管理限界内の特徴のある点の推移（パターン）として示されます。

　また能力不足の工程では、製品特性分布は、製品規格値を外れた形状となり

ます。その原因としては、製品特性の分布の幅が規格値に対して大きすぎる場合や(変動の共通原因が大きい)、特性分布の中心が規格範囲の中心とずれている場合(設計の中心が規格の中心とずれている)が考えられます。

ISO/TS 16949では、単に"不良品を検査で取り除いて、顧客に迷惑をかけない"ということではなく、製造工程を安定化し、工程能力を上げることによって、品質だけでなく生産性とコストも改善することを求めています。

すなわち、管理図などを利用して製造工程を安定化し、製造工程が安定した後、製品特性の工程能力評価を行って、製造工程の能力を上げることが求められています。なおISO/TS 16949では、顧客の製品承認プロセス(PPAP)において、工程能力指数(C_{pk})は1.67以上が要求されています。

安定した工程と能力不足の工程、管理図、工程変動の特別原因と共通原因、工程能力指数などの詳細については、7.4節で説明します。

[ISO 9001 認証組織の ISO/TS 16949 活用のポイント]

ISO/TS 16949では、単に"不良品を検査で取り除いて、顧客には迷惑をかけない"ということではなく、製造工程を安定化し、工程能力を上げることに

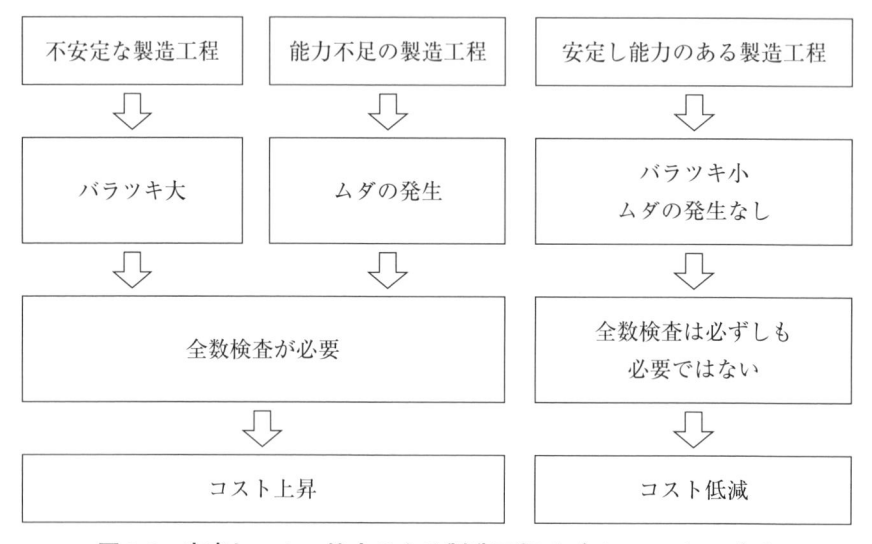

不安定な製造工程	能力不足の製造工程	安定し能力のある製造工程
⇩	⇩	⇩
バラツキ大	ムダの発生	バラツキ小 ムダの発生なし
⇩	⇩	⇩
全数検査が必要		全数検査は必ずしも必要ではない
⇩		⇩
コスト上昇		コスト低減

図3.1 安定し、かつ能力のある製造工程でパフォーマンス向上

第3章 キー(鍵)は製造工程の改善

よって、品質だけでなく生産性とコストも改善することを求めています。

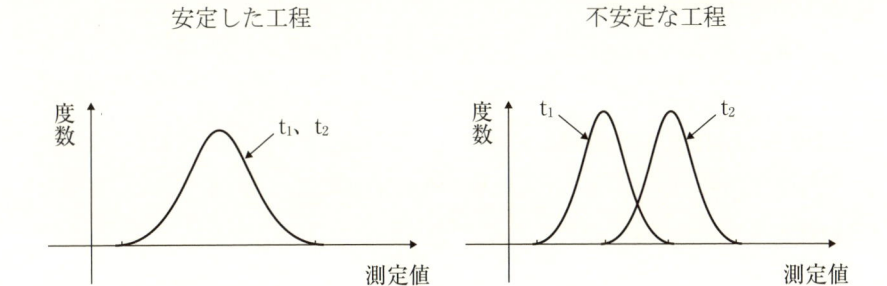

図3.2 安定した工程と不安定な工程

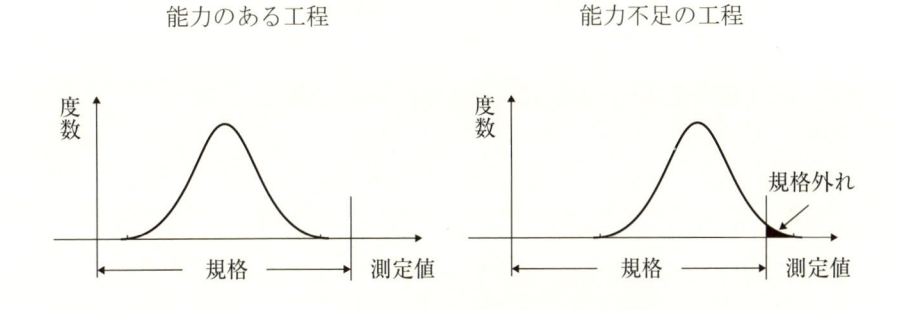

図3.3 能力のある工程と能力不足の工程

3.2　段取り替え検証は統計的な方法で

［ISO 9001 の要求事項］

　この項目についての ISO 9001 規格の要求事項はありません。

［ISO/TS 16949 の要求事項］

　ISO/TS 16949 規格では、段取り替え検証(verification of job set-ups)に関して、次のように述べています。

（ISO/TS 16949）

7.5.1.3 段取り替え検証	①　作業の立上げ、材料変更、作業変更などのセットアップに際しては、作業の段取り替え検証を実施する。 ②　段取り替え検証の方法には、次のようなものがある。 ・統計的な検証方法の利用 ・前回作業（製造）した最終製品との比較

［ISO 9001 認証組織への ISO/TS 16949 の活用方法］

　段取り替え検証とは、①に述べたように、作業の立上げ、材料の変更、製造条件の変更、治工具の交換、長期間休止設備の再稼働などを行った場合に、設備や製造条件が適切な状態に設定されたかどうかを検証することです。

　段取り直後の製品の特性が、製品規格内に入っていることの確認を行っている場合がありますが、この方法は、段取り替え検証の好ましい方法とはいえません。ISO/TS 16949 規格では、②に述べた方法を推奨しています。

　統計的な検証方法は、段取り替え後の最初の製品の測定値が、前回の安定した製造工程で製造した製品の測定データの、例えば±1 σ（σは標準偏差）に入っているかどうかを評価する方法です（図3.4参照）。

　図3.5は、前回製造した最終製品と比較する方法の例を示しています。この場合、段取り替えを行った直後の製品の特性データは、規格の中心の A ではなく、安定した製造工程で製造されていた前回の最終製品の値 X に近い B の値の方が、望ましいということになります。

第3章 キー(鍵)は製造工程の改善

[ISO 9001 認証組織の ISO/TS 16949 活用のポイント]

　段取り直後の製品の特性が、単に製品規格内にあるという確認は、好ましい段取り替え検証の方法ではなく、ISO/TS 16949 規格で述べているように、統計的な検証方法、または前回製造の最終製品と比較する方法などが望ましいです。

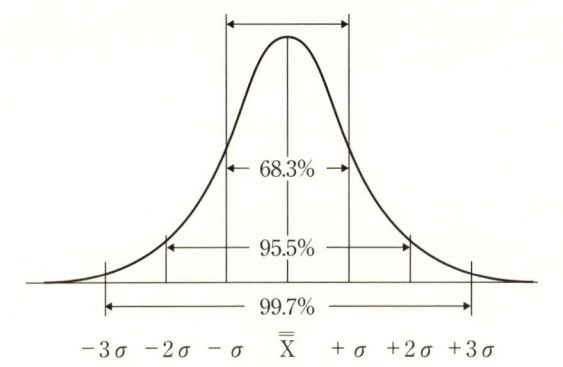

例えば、
"段取り替え後のサンプルの測定値が±1σの範囲にあればよい"
という考え方

68.3%
95.5%
99.7%
$-3\sigma\ -2\sigma\ -\sigma\ \overline{\overline{X}}\ +\sigma\ +2\sigma\ +3\sigma$

図3.4　段取り替え検証の方法(±1σの範囲にあればよいという例)

規格下限値　　　規格中心値　　　規格上限値
　　　　　　　B　　A
　　　　　　　X

＊段取り替え直後の製品の特性は、規格の中心に近いAよりも、前回の最終製品(X)に近いBの方が望ましい。

図3.5　段取り替え検証の方法(前回作業の最終製品との比較の例)

3.3　コントロールプランはQC工程表＋α

[ISO 9001の要求事項]

　ISO 9001規格では、品質計画書に関して、次のように述べています。

(ISO 9001)

7.1 製品実現の計画	①　製品実現のプロセスを計画し、構築する。 ②　特定の製品に適用されるプロセスおよび資源を規定する文書を、品質計画書と呼ぶ。
7.5.1 製造およびサービス提供の管理	③　製造およびサービス提供を計画し、次の事項を含む、管理された状態で実行する。 　a）製品の特性を述べた情報が利用できる。 　b）作業手順が利用できる。 　c）適切な設備を使用している。 　d）監視機器および測定機器が利用できる。 　e）監視および測定が実施されている。

[ISO/TS 16949の要求事項]

　ISO/TS 16949規格では、コントロールプラン(control plan)に関して、次のように述べています。

(ISO/TS 16949)

7.5.1.1 コントロールプラン	④　顧客に供給する製品のコントロールプランを作成する。 ・ISO/TS 16949の附属書A参照 ⑤　コントロールプランには、下記を含める。 ・（製品の管理特性だけでなく）製造工程の管理方法 ・製造工程が統計的に不安定または能力不足になった場合の対応処置

[ISO 9001認証組織へのISO/TS 16949の活用方法]

　ISO 9001規格では、①〜③に述べたように、個別製品実現の計画のための

文書、すなわち品質計画書について述べていますが、その具体的な内容については述べていません。

ISO/TS 16949 規格では、④および⑤に述べたように、品質計画書のもっとも代表的なものとして、コントロールプランの作成を求めています。

コントロールプランは、製造工程フローに従って作成され、製品の製造とその管理は、コントロールプランに従って行われます。コントロールプランに記載すべき項目については、ISO/TS 16949 規格の附属書 A コントロールプランに記載されています。これらの項目を含めたコントロールプランの例を、図 3.10（p.70）に示します。

コントロールプランと、いわゆる製造業で一般的に使用されている QC 工程表との主な相違点には、次のようなものがあります。

a) 製品の管理特性以外に、製造工程の管理特性（工程パラメータ）を含む。
b) 単に規格外れや不良が発生した場合の処置だけでなく、製造工程が不安定または能力不足になった場合の対応計画を含む。
c) 部門横断チームで作成する。

製造業にとっては、品質マニュアルと並んで重要な文書が、コントロールプランといえるでしょう。

[ISO 9001 認証組織の ISO/TS 16949 活用のポイント]

ISO/TS 16949 で使われているコントロールプランは、いわゆる一般的な QC 工程表に比べて、製品の管理特性以外に、製造工程の管理特性を含み、また単に規格外れや不良が発生した場合の処置だけでなく、製造工程が不安定または能力不足になった場合の対応計画が含まれており、製造業にとっては、品質マニュアルと並んで重要な品質マネジメントシステムの文書です。ISO 9001 認証組織にとっても参考にするとよいでしょう。

3.4　予防保全だけでなく予知保全を

[ISO 9001 の要求事項]

　ISO 9001 規格では、設備の管理に関して、次のことを求めています。

(ISO 9001)

7.5.1 製造およびサービス提供の管理	①　組織は、製造およびサービス提供を計画し、管理された状態で実行する。管理された状態には、次の事項のうち該当するものを含める。 ｃ）適切な設備を使用している。

[ISO/TS 16949 の要求事項]

　ISO/TS 16949 規格では、予防保全(preventive maintenace)および予知保全(predictive maintenance)に関して、次のように述べています。

(ISO/TS 16949)

7.5.1.4 予防保全および予知保全	②　主要設備に対して、下記の事項を含めた、効果的な総合的予防保全システムを開発する。 ・計画的な設備保全活動 ・設備、治工具およびゲージの包装および保存 ・主要製造設備の交換部品の入手性など ③　生産設備の有効性と効率を継続的に改善するために、予知保全の方法を利用する。

[ISO 9001 認証組織への ISO/TS 16949 の活用方法]

　ISO 9001 規格では、①に述べたように、適切な設備を使用することを述べていますが、設備をどのように管理すべきかについては述べていません。ISO/TS 16949 規格では、②および③に述べたように、設備の具体的な管理方法として、予防保全と予知保全について述べています。

　予防保全と予知保全について、ISO/TS 16949 規格では、次のように定義しています。

第3章　キー(鍵)は製造工程の改善

(ISO/TS 16949)

用　語	定　義
予防保全 preventive maintenance	④　設備の故障や予定外の生産停止を予防するための、計画的な設備の保全活動
予知保全 predictive maintenance	⑤　起こり得る故障モードから予測して、問題を予防するための、プロセス監視データにもとづいた活動

また、ISO/TS 16949のガイダンスマニュアルでは、予知保全の方法に関して、次のように述べています。

(ISO/TS 16949 ガイダンスマニュアル)

7.5.1.4 予防保全および予知保全	⑥　予知保全の方法には、次のようなものがある。 ・設備機器製造業者の推奨事項 ・治工具の摩耗 ・稼働時間の最適化 ・SPCデータと予防保全活動との相関 ・劣化しやすい治工具類の重要特性 ・振動解析など

　予防保全も予知保全もその目的は同じで、いずれも設備の故障や予定外の生産停止を予防するためですが、予防保全が、例えば劣化や摩耗しやすい部品を月に1回交換するなど、計画的に行う活動であるのに対して、予知保全は、部品の劣化や摩耗の程度を監視して、交換が必要になったときに交換するというように、プロセス(製造工程)監視データにもとづいた設備保全の方法です。予知保全の方が、より効率的・効果的な保全を行うことができ、好ましい方法です(図3.6参照)。

　予防保全および予知保全に事後保全を加えた、3種類の保全方法の違いについて、図3.7に示します。

事後保全は、設備の部品などが劣化・摩耗し、設備が故障(停止、製品の詰まり、落下、不良品の発生など)してから、設備の修理や部品の交換を行うものです。

　予防保全は、設備を構成する各部品が、どの程度の時間(または回数など)で劣化・摩耗して設備の故障が発生するかを、あらかじめ設定しておき、その時期に達したときに、定期的に保全(その部品の交換など)を行う方法です。事後保全に比べて、設備の故障の発生を事前に防止することができます。

　定期的に行う予防保全の場合は、決める保全の期間(頻度、間隔)が問題となります。部品の劣化・摩耗するよりも長い期間に設定してしまうと、定期的な保全の前に設備の故障が発生してしまい、生産や品質に影響を及ぼします。また部品の劣化・摩耗よりも短い期間に設定すると、部品交換の費用や時間などの保全のためのロスが大きくなります。

　予知保全は、設備の各部品の劣化・摩耗の程度を連続的に監視して、故障が発生するレベルに達する少し前に、保全(部品の交換など)を行う方法で、予防保全に比べて保全のロスを少なくすることができ、設備保全の方法として、効率的で、より好ましい方法です。予防保全は、効果的な保全方法、予知保全は、効果的で効率的な保全方法といえるでしょう。

[ISO 9001 認証組織の ISO/TS 16949 活用のポイント]

　設備の保全方法には、予防保全と予知保全がありますが、設備の劣化の程度を連続的に監視して保全を行う予知保全は、予防保全に比べてより効率的・効果的な保全を行うことができます。ISO 9001 認証組織にとっても、予防保全だけでなく、ISO/TS 16949 で求められている予知保全の方法を利用することが望ましいでしょう。

第3章　キー(鍵)は製造工程の改善

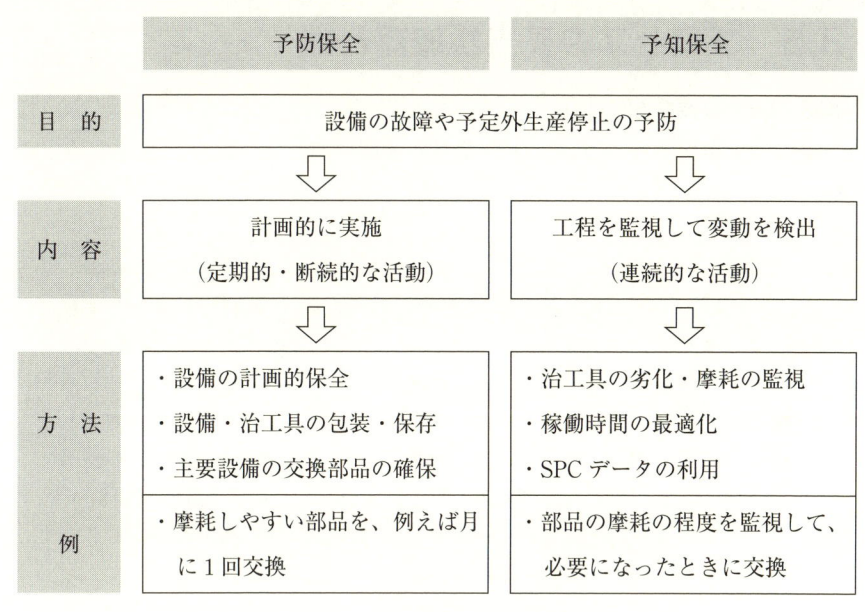

	予防保全	予知保全
目　的	設備の故障や予定外生産停止の予防	
	⇩	⇩
内　容	計画的に実施 (定期的・断続的な活動)	工程を監視して変動を検出 (連続的な活動)
	⇩	⇩
方　法	・設備の計画的保全 ・設備・治工具の包装・保存 ・主要設備の交換部品の確保	・治工具の劣化・摩耗の監視 ・稼働時間の最適化 ・SPCデータの利用
例	・摩耗しやすい部品を、例えば月に1回交換	・部品の摩耗の程度を監視して、必要になったときに交換

図 3.6　予防保全と予知保全

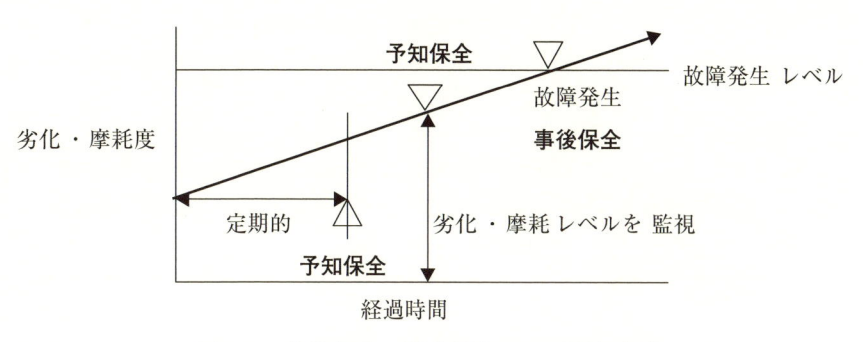

図 3.7　事後保全、予防保全および予知保全

3.5　プロセスの妥当性確認とは

[ISO 9001 の要求事項]

　ISO 9001 規格では、プロセスの妥当性確認に関して、次のことを求めています。

(ISO 9001)

7.5.2 製造およびサービス提供プロセスの妥当性確認	①　製造(およびサービス提供)の過程で結果として生じるアウトプットが、それ以降の監視または測定で検証することが不可能で、その結果、製品が使用され(またはサービスが提供され)た後でしか不具合が顕在化しない場合には、その製造(およびサービス提供)の該当するプロセスの妥当性確認を行う。妥当性確認によって、これらのプロセスが計画どおりの結果を出せることを実証する。 ②　これらのプロセスについて、次の事項のうち該当するものを含んだ手続きを確立する。 　a) プロセスのレビューおよび承認のための基準 　b) 設備の承認および要員の適格性確認 　c) 所定の方法および手順の適用 　d) 記録に関する要求事項 　e) 妥当性の再確認
7.3.6 設計・開発の妥当性確認	③　製品が、指定された用途または意図された用途の要求事項を満たすことを確実にするために、設計・開発の妥当性確認を実施する。

[ISO/TS 16949 の要求事項]

　ISO/TS 16949 規格では、プロセスの妥当性確認に関して、上記の ISO 9001 規格の要求事項に加えて、次のように述べています。

(ISO/TS 16949)

7.5.2.1 プロセスの妥当性 確認	④　要求事項 7.5.2 は、製造（およびサービス提供）に関する、すべてのプロセスに適用する。
7.3.6 設計・開発の妥当 性確認	⑤　設計・開発の妥当性確認の要求事項は、製品および製造工程の両方に適用する。

[ISO 9001 認証組織への ISO/TS 16949 の活用方法]

①および②に述べたプロセスの妥当性確認は、製品（またはサービス）の検査が容易にできない製造プロセス（またはサービス提供プロセス）に適用されます。図 3.8 の a)、b) は、そのようなプロセスを量産工程に適用する前に、そのプロセスの妥当性を確認しておくことを述べています。そして c) は、その手順どおりに実行すること、e) の"妥当性の再確認"は、そのプロセスがその後も引き続き妥当であることを、ときどき（または、製造条件が変わった場合など必要な場合に）再確認しなさいというものです。

この要求事項は、7.5.1 で規定されたとおりに製造（あるいはサービス提供）を行った後で、適合性を確認することであると誤解される場合があるようですが、そうではなく事前に確認しておくことであり、注意が必要です。

ISO 9001 では、プロセスの妥当性確認の対象となるプロセスは、溶接や熱処理などの、いわゆる特殊工程といわれるプロセスに限定すればよいと考えている人がいますが、決してそうではありません。プロセスの妥当性確認の対象となるプロセスは、もっと幅広く考えるべきであるといわれています。例えばサービス業の場合は、顧客に提供するサービスが、"製品"でありかつ"プロセス"となる場合が多いため、多くのサービス提供プロセスが、このプロセスの妥当性の確認が必要なプロセスに相当すると考えられます。

ISO 9001 では、プロセスの妥当性確認の対象プロセスを組織が決めることになりますが、ISO/TS 16949 では、④に述べたように、コントロールプランで規定されすべての製造プロセスに対して、その妥当性を証明することを求め

ています。

　ではここで、ISO 9001にはなぜこのプロセスの妥当性確認という要求事項があるのかを考えてみましょう。前にも述べましたが、ISO 9001では、設計・開発の要求事項(7.3)の対象は、製品の設計・開発であって、製造工程の設計・開発は、必ずしも要求事項になっていません。ISO 9001規格では、製造プロセスの管理に関して次のように述べています。

(ISO 9001)

7.5.1 製造およびサービス提供の管理	⑥　製造およびサービス提供を計画し、管理された状態で実行する。 ⑦　管理された状態には、次の事項のうち該当するものを含める。 　　a)　製品の特性を述べた情報が利用できる。 　　b)　必要に応じて、作業手順が利用できる。 　　(中略) 　　f)　製品のリリース、顧客への引渡しおよび引渡し後の活動が実施されている。

　⑥は、製造プロセスをルールどおりに実施することを述べており、⑦は、そのルールにa)～f)の項目を含めることを述べています。しかし、それらのルールが妥当であるかどうかの妥当性確認を行うことについては述べていません。製造業にとって重要なことは、製造プロセスが妥当であることです。またサービス業にとっては、サービス提供プロセスの内容が重要です。したがって、製造プロセス(またはサービス提供プロセス)を設計・開発の対象としない場合は、それらのプロセスを実行する前に(例えば、量産を開始する前に)、プロセス(ルール)が妥当であることを確認しておきなさいというものです。したがってISO 9001認証組織でも、製造工程を設計・開発の対象としている場合は、⑤に述べたように、製造プロセスの妥当性確認は、製造プロセスの設計・開発の妥当性確認(7.3.6)で行うことになるため、プロセスの妥当性確認(7.5.2)という要求事項は、特になくてもよいということになります。

　製造プロセスの妥当性確認は、検査に依存するのではなく、製造工程での造り込みが求められる製造業にとっては、プロセスの妥当性確認が必要なプロセ

スを、ごく一部の特定のプロセスに限定するのではなく、ISO/TS 16949で求めているように、基本的にはすべての製造プロセスが該当すると考えるとよいでしょう。同様のことは、製造業に限らず、サービス業を含むすべての業種の製品実現プロセスに対しても適用することができます。

[ISO 9001認証組織のISO/TS 16949活用のポイント]

製造プロセスの妥当性確認は、検査に依存するのではなく、製造工程での造り込みが求められる製造業にとっては、一部の特定のプロセスに限定するのではなく、すべての製造プロセスに対して行うのがよいでしょう。

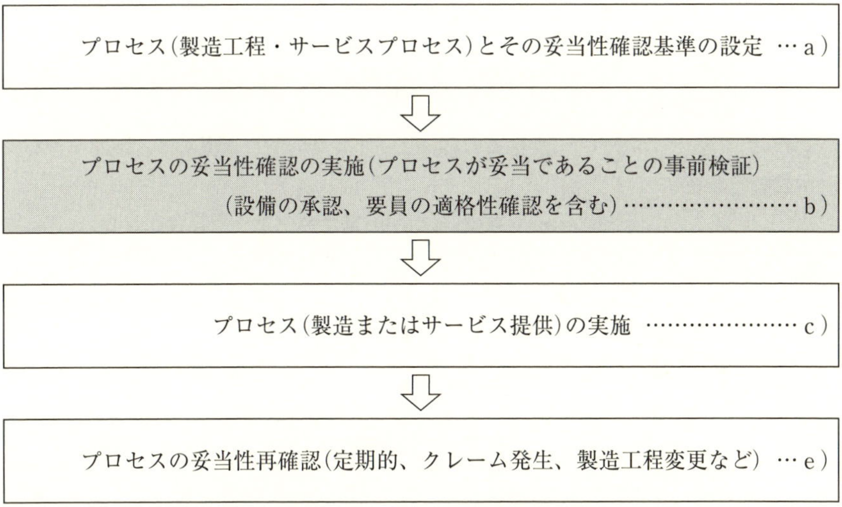

```
┌─────────────────────────────────────────────────────┐
│ プロセス(製造工程・サービスプロセス)とその妥当性確認基準の設定 …a) │
└─────────────────────────────────────────────────────┘
                          ⇩
┌─────────────────────────────────────────────────────┐
│ プロセスの妥当性確認の実施(プロセスが妥当であることの事前検証)      │
│ (設備の承認、要員の適格性確認を含む)………………………b)      │
└─────────────────────────────────────────────────────┘
                          ⇩
┌─────────────────────────────────────────────────────┐
│ プロセス(製造またはサービス提供)の実施 ………………c)           │
└─────────────────────────────────────────────────────┘
                          ⇩
┌─────────────────────────────────────────────────────┐
│ プロセスの妥当性再確認(定期的、クレーム発生、製造工程変更など) …e) │
└─────────────────────────────────────────────────────┘
```

[備考] a)〜e)は、ISO 9001規格(7.5.2)の項目を示す。

図3.8　プロセスの妥当性確認のフロー

3.6 特別輸送費監視の目的

[ISO 9001 の要求事項]

この項目についての ISO 9001 規格の要求事項はありません。

[ISO/TS 16949 の要求事項]

ISO/TS 16949 では、組織と供給者のパフォーマンスの監視指標として、特別輸送費に関して、次のように述べています。

(ISO/TS 16949)

8.2.1.1 顧客満足	①　顧客満足度を監視するために、次のような製品実現プロセスのパフォーマンスを評価する。 ・納期実績（特別輸送費が発生する不具合を含む）
7.4.3.2 供給者の監視	②　供給者のパフォーマンスの監視指標には、下記を含める。 ・納期実績（特別輸送費が発生する不具合を含む）

[ISO 9001 認証組織への ISO/TS 16949 の活用方法]

①に述べたように、ISO/TS 16949 規格では、顧客満足度の監視指標として、納入製品の品質実績だけでなく、納期実績や、特別輸送費が発生する不具合についての監視を求めています。特別輸送費とは、計画した輸送費に対する割増しの費用のことです。特別輸送費の例としては、例えば通常はトラックの定期便を使うべきところを、特別便を使用した場合や、通常は船便を使うところを航空便を使った場合などが考えられます。

特別輸送費の監視の目的は、単に特別輸送費を削減しようということではありません。特別輸送費が発生することになった背景として、生産の遅れが考えられます。生産遅れの原因を究明することによって、製造工程パフォーマンスの改善につなげるためです（図 3.9 参照）。

何らかの理由で生産が遅れた場合について考えてみましょう。顧客への納期が遅れた場合は、顧客も気が付き、顧客は組織に対して、納期遅れの原因

の究明と再発防止を要求するでしょう。しかし、特別便を利用することによって、顧客との約束納期に間に合わせることができた場合は、生産が遅れたことに顧客は気が付きません。特別輸送費発生の真の原因を究明し、根本対策をとっておかないと、近い将来実際に納期遅れが発生する可能性があるばかりでなく、製造工程も改善されません。

ISO/TS 16949 は、サプライチェーン全体の製造工程の継続的改善を目的としているため、組織だけでなく、供給者の製造工程のパフォーマンスの改善を要求しています。②に述べたように、特別輸送費の監視を供給者パフォーマンスに対しても求めています。

[ISO 9001 認証組織の ISO/TS 16949 活用のポイント]

ISO/TS 16949 で求められている特別輸送費の監視の目的は、単に特別輸送費を削減するためということではなく、特別輸送費が発生した原因を究明して製造工程を改善するためで、ISO 9001 認証組織にとっても参考になります。

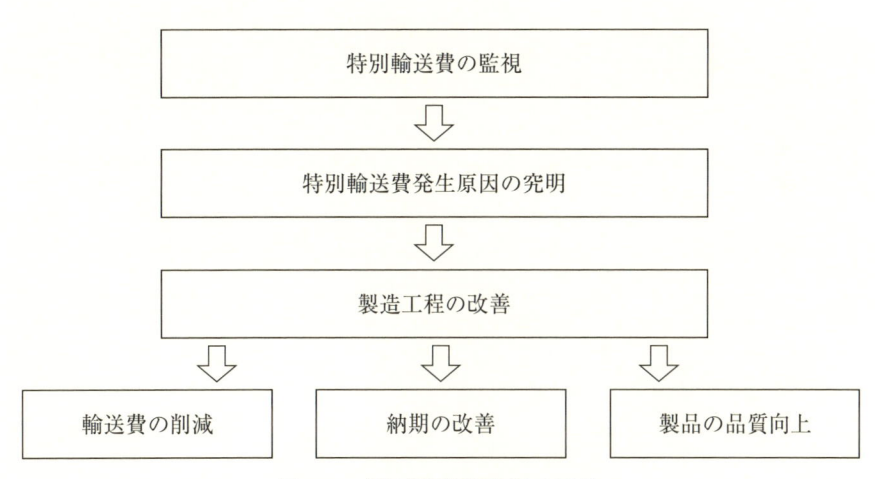

図 3.9 特別輸送費監視の目的

工程名	装置 治工具	特性		分類	仕様公差	管理方法				対応計画
		製品	工程			測定法	数量	頻度	管理法	是正処置
...										
電子部品搭載	マウンター	位置ずれ確認	位置ずれ段取検証		±0.2mm	監視カメラ	$n=3$	段取り時	図面 A	段取手順書
					±0.5mm	監視カメラ	全数	全数	図面 A	手直手順書
はんだリフロー	リフロー炉	はんだ強度	リフロー炉温度		250±20℃	温度計	2ヶ所	段取り時	リフロー規格	リフロー手順書
					≧2kgf	強度計	$n=3$	ロット毎	検査規格	不適合処理手順書
機械部品搭載	マウンター	位置ずれ確認	かしめ機段取検証		±0.5mm	監視カメラ	全数	全数	図面 A	手直手順書
かしめ	かしめ機	かしめ強度			≧1.0kN	強度計	$n=2$	段取り時	かしめ規格	かしめ手順書
					≧1.0kN	強度計	$n=3$	ロット毎	検査規格	不適合処理手順書
...										
特性試験	テスター	特性 A		▽	$C_{pk} \geq 1.67$	合否テスト	$n=5$	ロット毎	管理図	工程管理手順書
		特性 B		▽	$C_{pk} \geq 1.67$	合否テスト	$n=5$	ロット毎	工程能力	工程管理手順書
...										

[備考] ▽：特殊特性

図 3.10 コントロールプラン（例）

第4章

ISO/TS 16949 の追加要求事項が役に立つ

　ISO 9001 規格では、要求事項すなわち組織が実施すべき項目が記載されていますが、具体的になにをどの程度行うべきかについては述べていません。ISO/TS 16949 規格には、あらゆる製造業にとって役に立つ、自動車業界の追加要求事項が含まれています。

　本章では、供給者の効果的な管理、特殊特性、リスク管理、予防処置、継続的改善、法規制への適合、顧客の機密情報の管理、および内部監査員の力量などについて説明します。

4.1　供給者の効果的な管理

[ISO 9001 の要求事項]

　ISO 9001 規格では、供給者(supplier)の管理と購買製品の検証に関して、次のことを求めています。

(ISO 9001)

7.4.1 購買プロセス	①　供給者が組織の要求事項に従って製品を供給する能力を判断の根拠として、供給者を評価し、選定する。選定、評価および再評価の基準を定める。
7.4.3 購買製品の検証	②　購買製品が、規定した購買要求事項を満たしていることを確実にするために、必要な検査またはその他の活動を定めて、実施する。

[ISO/TS 16949 の要求事項]

　ISO/TS 16949 規格では、供給者の管理と購買製品の検証に関して、上記の ISO 9001 規格の要求事項に加えて、次のように述べています。

(ISO/TS 16949)

0.5 ISO/TS 16949 の 到達目標	③　ISO/TS 16949 の到達目標は、下記である。 ・不具合の予防、バラツキとムダの低減 ・サプライチェーン全体を対象とする。
7.4.1 購買プロセス	④　次の場合に、供給者の品質マネジメントシステムの有効性が継続していることを確認する。 ・供給者に合併、買収、子会社化などがあった場合
7.4.3.1 要求事項への購買 製品の適合	⑤　次のいずれかの方法によって、購買製品の品質を保証する。 a)　供給者からの統計データの受領および評価 b)　受入検査・試験(抜取り検査など) c)　供給者への第二者監査または第三者審査の実施

第4章　ISO/TS 16949 の追加要求事項が役に立つ

7.4.3.2 供給者の監視	⑥　供給者パフォーマンスとして、次の指標を監視する。 　　a）　納入された製品の要求事項への適合 　　b）　顧客が被った迷惑（市場からの返品を含む） 　　c）　納期実績（特別輸送費が発生する不具合を含む） ⑦　供給者が、自ら製造工程のパフォーマンスを監視するように、組織として指導する。

[ISO 9001 認証組織への ISO/TS 16949 の活用方法]

　ISO 9001 規格では、①に述べたように、供給者の管理と評価・選定を行うことを述べていますが、その具体的な方法については述べていません。

　ISO/TS 16949 規格では、③に述べたように、サプライチェーン（supply chain）すなわち供給者を含めた、製造工程のレベルアップを求めています。

　供給者を継続的に評価する時期について、ISO 9001 認証組織では、定期的またはプロジェクトごとに行うのが一般的ですが、ISO/TS 16949 では、④に述べたように、供給者に合併、買収または子会社化などの経営上の変化があった場合に、供給者を再評価することを述べています。合理的で効果的な方法であるといえます（図 4.1 参照）。

　ISO 9001 規格では、②に述べたように、購買製品の検証を行うことを求めていますが、その具体的な方法については述べていません。ISO/TS 16949 規格では、購買製品の検証方法に関して、⑤のように述べています。このなかで、いわゆる組織自身による受入検査について述べているのは、b）だけです。a）は、供給者から統計的なデータを入手し、そのデータを評価することを述べています。またc）は、供給者に対する監査のことを述べています。いずれも、購買製品の品質の確認だけに依存するのではなく、供給者の製造工程のレベルを評価するものです（図 4.2 参照）。

　供給者パフォーマンスの監視に関する ISO 9001 規格の要求事項はありません。ISO/TS 16949 規格では、⑥に述べたように、購買製品の品質実績、納期実績（特別輸送費が発生する不具合を含む）などの、供給者のパフォーマンスを監視することを述べています。

　さらに、ISO/TS 16949 では、⑦に述べたように、供給者の製造工程のパ

フォーマンスを、供給者自らが監視することを求めています。組織は、供給者自らが、自社の製造工程のパフォーマンスを監視することを要求して、供給者に対する監査の際などに確認する方法です。

ISO/TS 16949 のガイダンスマニュアルでは、供給者の製造工程のパフォーマンスの監視指標として、図 4.3 に示すような項目をあげています。

[ISO 9001 認証組織の ISO/TS 16949 活用のポイント]

ISO 9001 認証組織においても、購買製品の検証方法は、ISO/TS 16949 で求められているように、供給者から統計的なデータを入手して、そのデータを評価する方法や、供給者に対する監査の実施など、いわゆる受入検査に依存するのではなく、供給者の製造工程のレベルを確認する方法を取り入れるとよいでしょう。また、供給者の製造工程のパフォーマンスを監視して、供給者の製造工程の改善につなげることが有効でしょう。

ステップ	供給者の管理方法
初回評価	・選定・取引開始時の評価を行う
取引中の管理 (供給者パフォーマンスの監視)	・受入検査データを監視する ・供給者に対する監査を行う ・品質・コスト・納期の監視・指導を行うなど
再評価	・定期評価、またはプロジェクトごとの評価など
	・供給者の経営環境が変化した際に再評価する 　－合併・買収・子会社化など

図 4.1　供給者管理のステップ

第4章　ISO/TS 16949の追加要求事項が役に立つ

区　分	項　目	内　容
実際に受入検査を実施する方法	受入検査・試験の実施	・検査規格にもとづく抜取検査など
供給者の製造工程のレベルを確認する方法	供給者からの統計データの受領・評価	・工程能力指数のデータなど
	第二者監査・第三者監査の実施	・購買製品の品質記録の確認を含む

図 4.2　購買製品の検証方法

区　分	項　目	内　容
組織による、供給者パフォーマンスの監視	納入製品の品質	・受入検査結果など
	顧客の迷惑	・市場からの返品など
	納期実績	・特別輸送費が発生する不具合を含む
供給者自身による、製造工程パフォーマンスの監視	製造工程の仕組みに関するもの	・あんどんシステムの方法 ・標準化作業
	製造工程の安定性に関するもの	・直行率 ・ポカヨケ回数 ・計画的設備保全
	生産性に関するもの	・リードタイム（工期）短縮 ・生産平準化

図 4.3　供給者パフォーマンスの監視方法

4.2　特殊特性とは

[ISO 9001 の要求事項]

　この項目についての ISO 9001 の要求事項はありません。

[ISO/TS 16949 の要求事項]

　特殊特性(special characteristics)について、ISO/TS 16949 規格では、次のように述べています。

(ISO/TS 16949)

7.2.1.1 顧客指定の特殊特性	①　顧客要求事項に従って、特殊特性の指定、文書化および管理を行う。
7.3.2.3 特殊特性	②　特殊特性を特定し、次の方法で表す。 ・顧客が規定した定義および記号、または組織が決めた同等の表記法を用いる。 ③　特殊特性記号を明記する文書を明確にする。 ・図面、FMEA、コントロールプラン、作業指示書など ④　特殊特性には、製品特性と製造工程特性がある。

[ISO 9001 認証組織への ISO/TS 16949 の活用方法]

　特殊特性について ISO/TS 16949 では、"製品特性または製造工程特性のうち、安全、もしくは法令・規制への適合、組付け時の合い、機能、性能または製品の後加工に影響する可能性のあるもの"と定義しています。

　特殊特性とは、自動車の安全や法規制(環境法規制を含む)に影響する可能性のある、重要な特性のことです。特殊特性には、製品に関する特殊特性と、製造工程に関する特殊特性があります。また特殊特性には、顧客によって指定されるものと、組織自らが決めるものがあります。顧客が指定した製品に関する特殊特性に影響する製造工程の特性を、製造工程の特殊特性(製造工程パラメータ)とします(図 4.4 参照)。

製品によっては、顧客指定の特殊特性が存在しない場合もあります。その場合は、その製品にとって重要な管理特性を、組織として特殊特性に設定するとよいでしょう。特殊特性は、顧客要求の工程能力指数の確保、継続的改善および測定システム解析（MSA）などの管理の対象となります。

ISO/TS 16949における特殊特性に対するこれらの管理の方法は、自動車部品以外の製品にも適用することができます。例えば、一般の電子機器や、それに使用されている電子部品の場合は、高速化、高集積化、軽量化、コストダウンなどの特性は、顧客のためにも、また組織自身のためにも、継続的に改善してゆくべき課題であるといえます。これらの特性を特殊特性に相当する重要な特性と考えて、特別の管理をすることも有効ではないでしょうか。

[ISO 9001 認証組織の ISO/TS 16949 活用のポイント]

ISO/TS 16949で求められているように、顧客や製品の使用者にとって重要な特性を特殊特性として明確にし、パフォーマンス改善のために、特別な管理を行うことは、顧客満足を目的とするISO 9001でも効果的なことです。

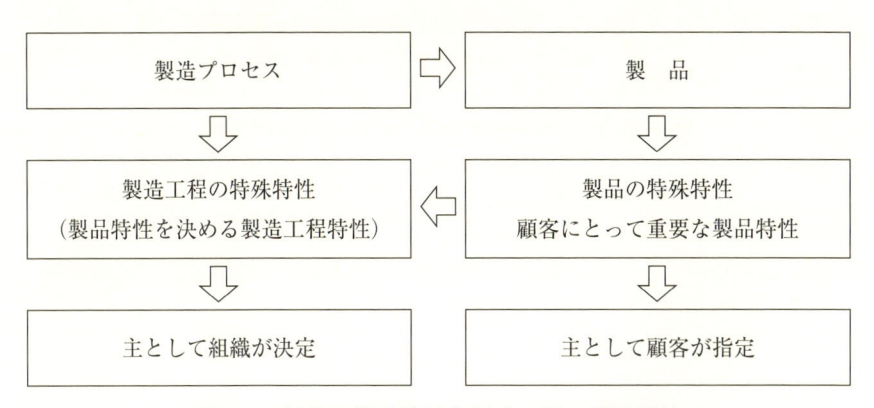

図 4.4　製品の特殊特性と製造工程の特殊特性

4.3　リスク管理は組織運営の基礎

［ISO 9001 の要求事項］
　この項目についての ISO 9001 規格の要求事項はありません。

［ISO/TS 16949 の要求事項］
　ISO/TS 16949 規格では、リスク管理に関して、次のように述べています。

(ISO/TS 16949)

6.3.2 緊急事態対応計画	①　顧客要求事項を満たすために、次のような事態に備えて、緊急事態対応計画を作成する。 ・ユーティリティの停止 ・労働力不足 ・主要設備の故障 ・市場回収(リコール)
6.4.1 要員の安全	②　特に、設計・開発プロセスおよび製造プロセスにおいて、従業員に対する潜在的なリスクを最小にするための、製品の安全および手段を明確にする。
7.2.2.2 製造フィージビリティ	③　契約内容の確認プロセスにおいて、リスク分析を含めて、対象製品の製造フィージビリティ(製品要求事項のレビュー)を実施する。
7.3.2.2 製造工程設計のインプット	④　製造工程設計では、遭遇するリスクに釣りあう程度のポカヨケの方法を使用する。
7.3.4.1 設計・開発プロセスの監視	⑤　設計・開発プロセスの監視・測定項目を定めて、分析し、その結果をマネジメントレビューに報告する。 ⑥　この測定項目には、品質リスク、コスト、リードタイム、クリティカルパスなどを含む。

第4章　ISO/TS 16949の追加要求事項が役に立つ

[ISO 9001認証組織へのISO/TS 16949の活用方法]

　残念なことに、2011年は東日本大震災やタイの洪水事故が発生し、わが国に大きな被害をもたらしました。そのなかには、被災地の工場で製造していた部品の供給が止まったからという理由で、わが国の自動車メーカーが自動車の生産を停止する事態になりました。ISO/TS 16949規格では、①に述べたように、緊急事態対応計画（contingency plan）をあらかじめ作成し、万が一のときの影響を最小限に抑えることを求めています。東日本大震災やタイの洪水では、この緊急事態対応計画が十分に機能しなかったために、自動車の生産計画に大きな影響が出てしまったことは残念です。今後は、ISO/TS 16949認証組織だけでなく、すべてのISO 9001認証組織が、緊急事態対応計画を作成し、万が一の場合に備えたいものです。

　ISO/TS 16949のガイダンスマニュアルでは、次のような内容を考慮した緊急事態対応計画を作成することを述べています。

（ISO/TS 16949ガイダンスマニュアル）

6.3.2 緊急事態対応計画	⑦　緊急事態対応計画には、下記を含むことができる。 ・代替の生産サイトの利用（複数サイトの場合） ・緊急事態対応の実施責任者 ・主要な設備・機械のリスト ・保全作業の記録 ・リスク分析結果

　またISO/TS 16949規格では、②に述べたように、従業員に対する潜在的なリスクを最小限にする、製品の安全および手段を明確にすることを求めています。品質だけでなく安全と環境について、また製品だけでなく作業員の安全についても述べている点が、ISO/TS 16949の特徴です（図4.5参照）。

　リスク管理の技法として使用されているものに、FMEA（故障モード影響解析）があります。設計・開発段階において、製品や製造工程に内在する種々のリスクについて評価する手法ですが、ISO/TS 16949のガイダンスマニュアルでは、要員の安全対策の実施例として、次のように述べています。

(ISO/TS 16949 ガイダンスマニュアル)

6.4.1 要員の安全	⑧ 製品要求事項への適合のため、要員の安全のための実施事項に、下記を含めとよい。 ・安全に関する責任 ・設計および工程管理におけるポカヨケの方法 ・法令・規制の知識 ・内部・外部監査および是正処置の結果 ・事故の記録 ・FMEAのようなリスク分析 ・保護装置の使用など

③に述べた製造フィージビリティに関して、ISO/TS 16949 のガイダンスマニュアルでは、次のように述べています。

(ISO/TS 16949 ガイダンスマニュアル)

7.2.2.2 製造フィージビリティ	⑨ リスク分析は、次のように行うとよい。 ・顧客に製品を効果的、かつ効率的に提供するための、組織の実現能力の評価 ・プログラムタイミング、資源、開発コストおよび投資などを含める。 ・供給者も含め、製造工程において起こり得る、潜在的な故障または不具合とその影響の評価

さらには、④〜⑥に述べた項目についても、リスク分析を行うことを述べています(図 4.6 参照)。

[ISO 9001 認証組織の ISO/TS 16949 活用のポイント]

リスク管理は、企業の存続と発展のための基本的な事項です。ISO 9001 認証組織としても、考えられるリスクを最小にするために、ISO/TS 16949 で要求されているように、緊急事態対応計画、要員の安全、製造フィージビリティ、設計・開発などにおいて、リスク分析を行うことが望まれます。

第 4 章　ISO/TS 16949 の追加要求事項が役に立つ

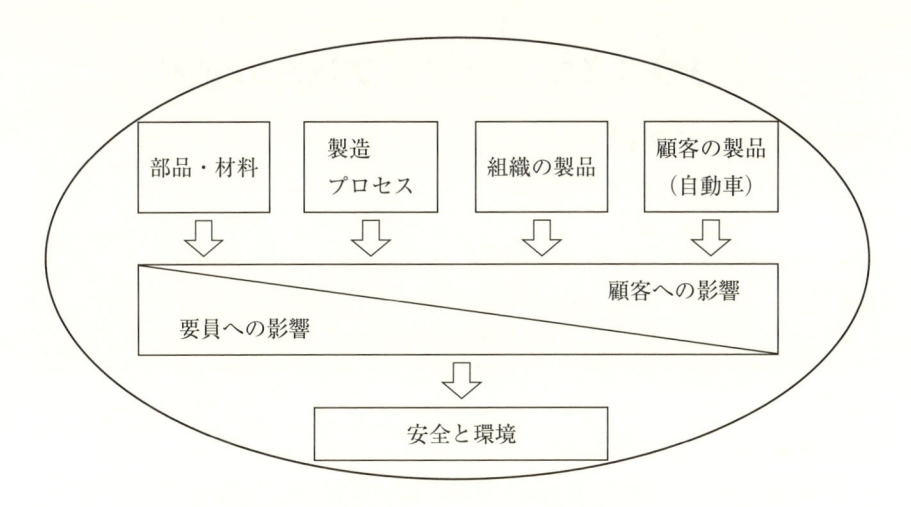

```
         ┌─────────┐  ┌─────────┐  ┌─────────┐  ┌─────────┐
         │部品・材料│  │  製造    │  │組織の製品│  │顧客の製品│
         │         │  │プロセス  │  │         │  │ (自動車) │
         └────┬────┘  └────┬────┘  └────┬────┘  └────┬────┘
              ▼            ▼            ▼            ▼
         ┌─────────────────────────────────────────────┐
         │                              顧客への影響    │
         │  要員への影響                                │
         └──────────────────┬──────────────────────────┘
                            ▼
                     ┌──────────────┐
                     │  安全と環境   │
                     └──────────────┘
```

図 4.5　ISO/TS 16949 における安全と環境に関する要求事項

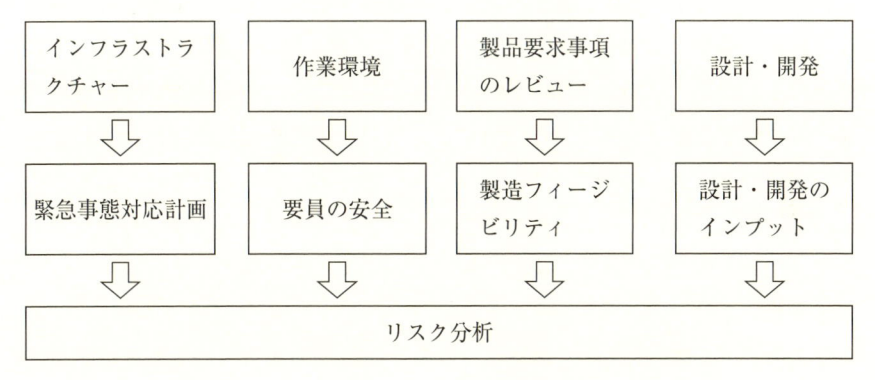

```
┌────────────┐  ┌──────┐  ┌────────────┐  ┌────────┐
│インフラストラ│  │作業環境│  │製品要求事項│  │設計・開発│
│クチャー     │  │       │  │のレビュー  │  │         │
└──────┬─────┘  └───┬──┘  └──────┬─────┘  └────┬───┘
       ▼            ▼            ▼             ▼
┌──────────────┐ ┌────────┐ ┌──────────┐  ┌──────────┐
│緊急事態対応計画│ │要員の安全│ │製造フィージ│  │設計・開発の│
│              │ │        │ │ビリティ   │  │インプット │
└──────┬───────┘ └───┬────┘ └────┬─────┘  └────┬─────┘
       ▼            ▼            ▼             ▼
┌─────────────────────────────────────────────────────┐
│                      リスク分析                      │
└─────────────────────────────────────────────────────┘
```

図 4.6　リスク管理

4.4　ISO/TS 16949 は予防処置の宝庫

[ISO 9001 の要求事項]

　ISO 9001 規格では、予防処置に関して次のことを求めています。

(ISO 9001)

8.5.3 予防処置	①　起こり得る不適合が発生することを防止するために、その原因を除去する処置をとる。

[ISO/TS 16949 の要求事項]

　この項についての ISO/TS 16949 規格の追加要求事項はありません。

[ISO 9001 認証組織への ISO/TS 16949 の活用方法]

　毎年行われる ISO 9001 認証組織のサーベイランス審査に、筆者が審査員として組織を訪問し、最近 1 年間の予防処置の事例について質問すると、"予防処置の事例はありません" という回答が返ってくることがあります。顧客のクレームや製造工程で発生した不適合に対しては、修正や是正処置が行われているのですが、不適合の発生を予防する予防処置が適切に行われていないのです。

　ISO を組織に役に立つようにするためには、是正処置よりも予防処置が重要です。しかし残念なことに、ISO 9001 規格には、その具体的な内容については述べていません。

　ところで、ISO/TS 16949 規格における、8.5.3 予防処置に関する要求事項は、①の ISO 9001 規格の要求事項以外には特にありません。不適合の発生の予防をねらいとしている ISO/TS 16949 規格において、ISO 9001 規格に対する追加要求事項がないのは意外に思われる方も多いでしょう。

　しかし ISO/TS 16949 規格には、緊急事態対応計画 (6.3.2)、変更管理 (7.1.4)、製造フィージビリティ (7.2.2.2)、不適合の予防を目的とした APQP (先行製品品質計画) (7.1)、製造工程の設計・開発 (7.3)、供給者の品質マネジメントシステムの開発 (7.4.1.2)、供給者の監視 (7.4.3.2)、コントロールプランにおける工程が不安定・能力不足になった場合の対応計画 (7.5.1.1)、段取り替えの検

第4章 ISO/TS 16949の追加要求事項が役に立つ

証(7.5.1.3)、予防保全および予知保全(7.5.1.4)、測定システム解析(7.6.1)、特別輸送費の監視(8.2.1.1)、製造工程の監視および測定(8.2.3.1)、製造工程改善(8.5.1.2)、およびポカヨケ(8.5.2.2)などの、ISO 9001規格に対する追加要求事項があり、これらが予防処置に相当すると考えることができます。またISO/TS 16949のコアツールとして準備されている、リスク管理手法としてのFMEA(故障モード影響解析)、安定し、能力のある製造工程とするためのSPC(統計的工程管理)、およびMSA(測定システム解析)などの技法も、予防処置の手段といえます(図4.7参照)。

[ISO 9001認証組織のISO/TS 16949活用のポイント]
　ISOを組織に役に立つようにするためには、予防処置が重要ですが、ISO 9001規格には、その具体的な内容については述べていません。ISO/TS 16949規格には、種々の予防処置の項目が含まれており、ISO 9001認証組織としても活用することができます。

・緊急事態対応計画(6.3.2)	・段取り替えの検証(7.5.1.3)
・APQP(先行製品品質計画)(7.1)	・製造工程の妥当性確認(7.5.2.1)
・変更管理(7.1.4)	・予防保全・予知保全(7.5.1.4)
・製造フィージビリティ(7.2.2.2)	・測定システム解析(7.6.1)
・製造工程の設計・開発(7.3)	・製造工程の監視・測定(8.2.3.1)
・供給者のQMS開発(7.4.1.2)	・製造工程改善(8.5.1.2)
・供給者の監視(7.4.3.2)	・ポカヨケ(8.5.2.2)
・不安定・能力不足の製造工程に対する対応処置(7.5.1.1)	・特別輸送費の監視(8.2.1)
	・コアツール(FMEA、SPCなど)

図4.7　ISO/TS 16949における予防処置に関係する項目

4.5　継続的改善の対象

[ISO 9001 の要求事項]

ISO 9001 規格では、継続的改善に関して、次のことを求めています。

(ISO 9001)

8.5.1 継続的改善	①　品質方針、品質目標、監査結果…是正処置、予防処置およびマネジメントレビューを通じて、品質マネジメントシステムの有効性を継続的に改善する。

[ISO/TS 16949 の要求事項]

ISO/TS 16949 規格では、継続的改善に関して、上記の ISO 9001 規格の要求事項に加えて、次のように述べています。

(ISO/TS 16949)

8.5.1.2 製造工程改善	②　製造工程を継続的に改善することによって、製品特性と製造工程特性のバラツキを低減する。 ③　製造工程の継続的改善は、次の事項の後、行われる。 ・製造工程が、統計的に安定し、かつ能力がある。 ・顧客要求事項を満たす。

[ISO 9001 認証組織への ISO/TS 16949 の活用方法]

ISO 9001 における継続的改善の対象は、①に述べたように、品質マネジメントシステムの有効性の継続的改善です。ここで有効性とは、本書の 1.1 節で述べたように、"目標や計画に対する達成度"です。パフォーマンスそのものを改善することは、ISO 9001 の要求事項にはなっていません。

これに対して ISO/TS 16949 規格では、②および③に述べたように、"製造工程が能力をもち、かつ安定する。すなわち製品特性が予測可能で、顧客要求事項を満たすようになってから、継続的改善が行われることになる"と述べています。すなわち ISO/TS 16949 では、ISO 9001 の品質マネジメントシステムの有効性の継続的改善に加えて、製造工程と製品特性そのもののパフォーマ

第 4 章　ISO/TS 16949 の追加要求事項が役に立つ

ンスの継続的改善を求めています(図 4.8 参照)。

　ISO/TS 16949 のガイダンスマニュアルでは、③についての補則として、次のように述べています。

(ISO/TS 16949 ガイダンスマニュアル)

| 8.5.1.2
製造工程の改善 | ④ 是正処置は継続的改善ではない。 |

　すなわち、是正処置と継続的改善を明確に区別しています。発生した不適合の再発を防止することは是正処置であり、必要な工程能力のある状態をさらによくするのが継続的改善ということになります。

[ISO 9001 認証組織の ISO/TS 16949 活用のポイント]

　継続的改善の対象は、ISO 9001 で求められている品質マネジメントシステムの有効性の改善だけでなく、ISO/TS 16949 で求めているように、パフォーマンスそのものを、継続的改善の対象とすることによって、組織の経営に役に立つ品質マネジメントシステムとすることができます。

	ISO 9001	ISO/TS 16949
継続的改善の内容	有効性の継続的改善	製品特性と製造工程特性の継続的改善
継続的改善の対象例	不良率に関する対計画達成度 ＝結果／計画値	不良率そのものの低減

図 4.8　ISO 9001 と ISO/TS 16949 における継続的改善の対象

4.6　法規制への適合

[ISO 9001 の要求事項]

　ISO 9001 規格では、法規制への適合に関して、次のことを求めています。

(ISO 9001)

5.1 経営者のコミットメント	①	法令・規制要求事項を満たすことの重要性を組織内に周知する。
7.2.1 製品要求事項の明確化	②	組織は、次の事項を明確にする。（一部省略） c）　製品に適用される法令・規制要求事項
7.3.2 設計・開発のインプット	③	製品要求事項に関連するインプットを明確にする。インプットには次の事項を含める。 b）　適用される法令・規制要求事項

[ISO/TS 16949 の要求事項]

　ISO/TS 16949 規格では、法規制への適合に関して、上記の ISO 9001 規格の要求事項に加えて、次のように述べています。

(ISO/TS 16949)

5.6.2.1 マネジメントレビューのインプット	④	マネジメントレビューのレビュー項目には、下記を含める。 ・市場不具合（顕在・潜在の不具合を含む） ・それらの品質、安全、環境への影響
7.2.1 製品要求事項の明確化	⑤	製品に適用される法令・規制要求事項には、次のすべての政府規制、安全規制および環境規制を含む。 ・材料、保管、取扱い、リサイクル、廃棄など
7.4.1.1 法規制への適合	⑥	（製品に使用される）すべての購買製品または材料は、適用される法令・規制要求事項に適合する。

第4章　ISO/TS 16949の追加要求事項が役に立つ

[ISO 9001認証組織へのISO/TS 16949の活用方法]
ISO 9001規格では、ISO 9001の目的として次のように述べています。

(ISO 9001)

1.1 適用範囲／一般	⑦　ISO 9001は、次に該当する組織に対して、品質マネジメントシステムに関する要求事項について規定する。 　a)　顧客要求事項および適用される<u>法令・規制要求事項</u>を満たした製品を一貫して提供する能力をもつことを実証する必要がある場合

　①〜③に述べたように、ISO 9001の目的は、組織が法規制を遵守することによって、顧客の満足を得ることといえます。ISO/TS 16949では、法規制遵守の具体的な内容として、④〜⑥の要求事項が設けられています(図4.9参照)。最近しばしば発生する不祥事に対して、"下請負業者が法規制違反をした。当社には責任がない"という趣旨のテレビのニュースを見ることがありますが、とんでもないことです。供給者や購買製品の法規制への適合は、組織の責任です。

[ISO 9001認証組織のISO/TS 16949活用のポイント]
　ISO/TS 16949で具体的に要求されている、製品に関連する法規制への適合は、ISO 9001にとっても重要な要素です。

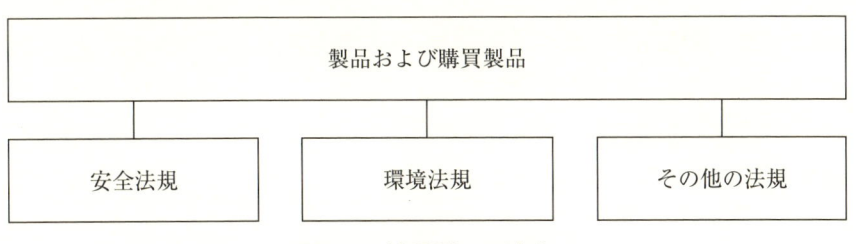

```
          製品および購買製品
    ┌──────────┼──────────┐
 安全法規      環境法規      その他の法規
```

図4.9　法規制への適合

4.7　顧客の機密情報の管理

[ISO 9001 の要求事項]

　ISO 9001 規格では、顧客の機密情報の管理に関して、次のことを求めています。

(ISO 9001)

7.5.4 顧客の所有物	①　顧客の所有物について、それが組織の管理下にある間または組織がそれを使用している間は、注意を払う。 ②　顧客の所有物には、知的財産および個人情報を含めることができる。

[ISO/TS 16949 の要求事項]

　ISO/TS 16949 規格では、顧客の機密情報の管理に関して、上記の ISO 9001 規格の要求事項に加えて、次のように述べています。

(ISO/TS 16949)

7.1.3 機密保持	③　特に下記の顧客の機密情報の保持を確実にする。 ・顧客と契約した開発中の製品およびプロジェクト ・関係製品情報

[ISO 9001 認証組織への ISO/TS 16949 の活用方法]

　ISO 9001 規格では、①および②に述べたように、顧客の所有物の管理、および顧客の知的財産と個人情報の管理について述べていますが、その具体的な対象や方法については述べていません。

　ISO/TS 16949 規格では、③に述べたように、顧客情報のうち、特に顧客と契約して開発中の製品およびプロジェクト、ならびに関係製品情報の機密管理を確実にすることを述べています。

　また ISO/TS 16949 のガイダンスマニュアルでは、顧客の機密情報の管理に関して、次のように述べています。

第4章　ISO/TS 16949 の追加要求事項が役に立つ

(ISO/TS 16949 ガイダンスマニュアル)

7.1.3 機密保持	④　機密の文書およびデータ(電子情報を含む)の保管場所へのアクセスを管理する。 ⑤　新プロジェクトおよび変更に関する機密情報には、特別の注意が必要。

　顧客の図面、仕様書、プロジェクト計画書などの、顧客の機密情報(電子文書およびデータを含む)の保管や、アクセス方法の管理の充実が必要となるでしょう(図 4.10 参照)。

[ISO 9001 認証組織の ISO/TS 16949 活用のポイント]

　顧客との電子データの情報のやりとりが増えており、ISO/TS 16949 規格で求められているように、顧客の機密情報の管理の重要性が高くなっています。

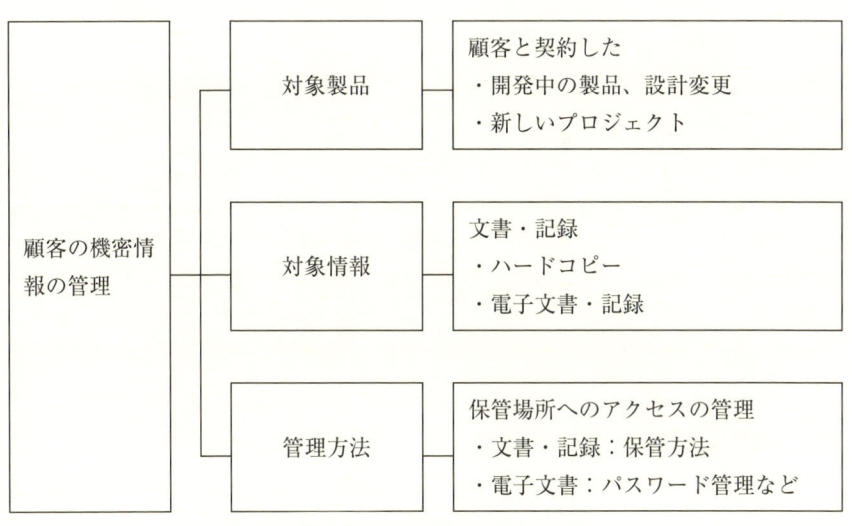

```
                         ┌─ 対象製品 ──┬─ 顧客と契約した
                         │              ・開発中の製品、設計変更
                         │              ・新しいプロジェクト
                         │
顧客の機密情報の管理 ─────┼─ 対象情報 ──┬─ 文書・記録
                         │              ・ハードコピー
                         │              ・電子文書・記録
                         │
                         └─ 管理方法 ──┬─ 保管場所へのアクセスの管理
                                        ・文書・記録：保管方法
                                        ・電子文書：パスワード管理など
```

図 4.10　顧客の機密情報の管理

4.8 内部監査員の力量確保

[ISO 9001 の要求事項]

ISO 9001 規格では、内部監査員の力量に関連して、次のことを求めています。

(ISO 9001)

6.2 人的資源／一般	① 製品要求事項への適合に影響がある仕事に従事する要員は、適切な教育、訓練、技能および経験を判断の根拠として力量をもつ。
8.2.2 内部監査	② 監査員の選定および監査の実施においては、監査プロセスの客観性と公平性を確保する。 注記　ISO 19011 を参照

[ISO/TS 16949 の要求事項]

ISO/TS 16949 規格では、内部監査員の力量(competence)と資格認定について、次のように述べています。

(ISO/TS 16949)

8.2.2.5 内部監査員の適格性確認	③ ISO/TS 16949 の内部監査員は、ISO/TS 16949 の要求事項を監査する力量の適格性を確認する。

[ISO 9001 認証組織への ISO/TS 16949 の活用方法]

ISO 9001 および ISO/TS 16949 の監査の基本について述べている ISO 19011 規格(マネジメントシステム監査の指針)では、監査は、図 4.13(p.94)に示す監査プログラムのフローに従って管理することを述べています。

また ISO 19011 規格では、監査員に必要な力量として、監査員にふさわしい行動と、監査に必要な知識・技能の両方が必要であると述べています。品質マネジメントシステム監査員に求められる知識・技能には、品質マネジメントシ

ステムに関する知識・技能、品質に関係する知識・技法、およびプロセスと製品(サービス)に関する知識などがあります。

ISO/TS 16949 規格では、内部監査員の適格性確認について、③に述べたように、内部監査員の力量を確保したうえで、資格認定することを求めています。

ISO/TS 16949 では、品質マネジメントシステム監査、製造工程監査および製品監査の3種類の内部監査が要求されています。そして、ISO/TS 16949 のガイダンスマニュアルでは、これらの3種類の監査をプロセスアプローチ方式で行うことを述べています。フォードやゼネラルモーターズは、ISO/TS 16949 の内部監査員に対して、図 4.11 に示す力量を要求しています。

ISO/TS 16949 の内部監査員を資格認定するために必要な力量をまとめると、図 4.12 のようになります。例えば、2日間の内部監査員コースのセミナーを受講した人を、そのまま ISO 9001 の内部監査員として資格認定している組織が多いようですが、ISO/TS 16949 の内部監査員の資格認定は、そのように簡単にはいかないようです。このことは ISO 9001 の内部監査員に対してもあてはまることだといえます。

ISO 19011 規格ではまた、監査を効果的なものにするためには、監査員の力量を定期的に評価して、力量を継続的に向上させることが必要であると述べています。内部監査員の評価の時期としては、次の2つの段階があります。

(1) 内部監査員になる前の最初の評価
(2) 内部監査員のパフォーマンスの継続的評価

ここで(2)は、例えば監査の実施状況を監視したり、監査の結果を評価することになります。内部監査員は、内部監査員教育を行って、一度資格認定すればよいというものではなく、監査員の力量を定期的に評価して、監査員としての力量を維持・向上させることが必要です。

[ISO 9001 認証組織の ISO/TS 16949 活用のポイント]

ISO 9001 の内部監査員の資格認定に際して、例えば単に2日間の内部監査員コースのセミナーを受講した人を、ISO 9001 の内部監査員として資格認定するのではなく、ISO/TS 16949 の内部監査員の資格認定の要件として求められている必要な力量のうち、品質マネジメントシステム(品質マニュアルなど)

の理解、ISO 9001の要求事項の理解、製品・製品規格の知識、製造工程の知識、製品の検査・試験方法の知識、ISO 19011にもとづく監査手法の習得、プロセスアプローチ式監査手法の習得、および内部監査実務の経験などの知識と技能があることを確認することが望ましいでしょう。

項　目	内　　容	フォード	GM
知識・技能	ISO/TS 16949の理解	○	
	ISO19011　7項の監査員に求められる力量		○
	プロセスアプローチ(ISO/TS 16949　0.2項)の力量		○
	コアツールの理解 ・APQP、PPAP、FMEA、SPC、MSA	○	○
	フォードおよびゼネラルモーターズ固有の要求事項の理解	○	○
	自動車業界プロセスアプローチ式監査手法の力量	○	
1日監査と同等の実習セミナーへの参加	下記のいずれかに参加 　・監査のケーススタディ 　・監査のロールプレイ 　・現地監査への参加	○	

図4.11　内部監査員資格認定要件(フォードおよびゼネラルモーターズ)

第4章 ISO/TS 16949の追加要求事項が役に立つ

必要な力量 \ 内部監査	ISO 9001	ISO/TS 16949		
	品質マネジメントシステム監査	品質マネジメントシステム監査	製造工程監査	製品監査
監査員にふさわしい行動	◎	◎	◎	◎
品質マネジメントシステムの理解	◎	◎	○	○
ISO 9001要求事項の理解	◎	◎		
ISO/TS 16949要求事項の理解		◎	○	○
プロセスアプローチの理解	◎	◎	○	○
顧客固有の要求事項の理解	○	◎	○	◎
製品・製品規格の知識	○	○	○	◎
製造工程の知識	○	○	◎	○
製品の検査・試験方法の知識	○	○	○	◎
特殊特性(製品・工程)の理解		◎	◎	◎
ISO 19011にもとづく監査手法の習得	◎	◎	○	○
コアツールの理解(APQP、PPAP)		◎	○	○
コアツールの理解(SPC、FMEA)	○	◎	◎	○
コアツールの理解(MSA)		◎	○	◎
プロセスアプローチ式監査手法の習得	○	◎	○	○
内部監査実務の経験	◎	◎	◎	◎

[備考]◎：必要な力量、　○：望ましい力量

図4.12　ISO/TS 16949の内部監査員に望まれる力量

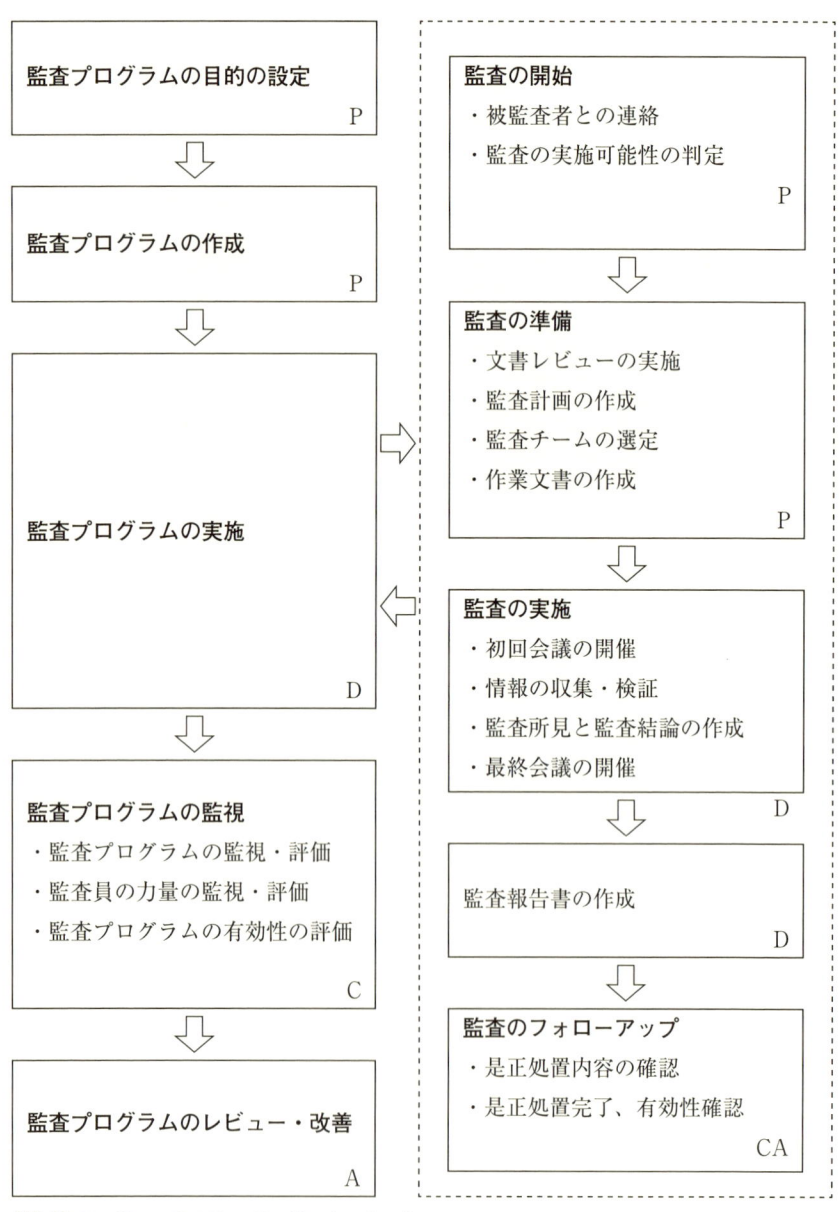

```
┌─────────────────────┐        ┌─────────────────────────┐
│ 監査プログラムの目的の設定 │        │ 監査の開始              │
│                   P │        │ ・被監査者との連絡       │
└─────────────────────┘        │ ・監査の実施可能性の判定 │
          ⇩                    │                       P │
┌─────────────────────┐        └─────────────────────────┘
│ 監査プログラムの作成  │                    ⇩
│                   P │        ┌─────────────────────────┐
└─────────────────────┘        │ 監査の準備              │
          ⇩                    │ ・文書レビューの実施     │
┌─────────────────────┐        │ ・監査計画の作成         │
│ 監査プログラムの実施  │  ⇐    │ ・監査チームの選定       │
│                     │        │ ・作業文書の作成         │
│                     │        │                       P │
│                     │        └─────────────────────────┘
│                     │                    ⇩
│                     │        ┌─────────────────────────┐
│                     │  ⇐    │ 監査の実施              │
│                   D │        │ ・初回会議の開催         │
└─────────────────────┘        │ ・情報の収集・検証       │
          ⇩                    │ ・監査所見と監査結論の作成 │
┌─────────────────────┐        │ ・最終会議の開催         │
│ 監査プログラムの監視  │        │                       D │
│ ・監査プログラムの監視・評価 │ └─────────────────────────┘
│ ・監査員の力量の監視・評価 │            ⇩
│ ・監査プログラムの有効性の評価 │ ┌─────────────────────────┐
│                   C │        │ 監査報告書の作成        │
└─────────────────────┘        │                       D │
          ⇩                    └─────────────────────────┘
┌─────────────────────┐                    ⇩
│ 監査プログラムのレビュー・改善 │ ┌─────────────────────────┐
│                   A │        │ 監査のフォローアップ     │
└─────────────────────┘        │ ・是正処置内容の確認     │
                               │ ・是正処置完了、有効性確認 │
                               │                      CA │
                               └─────────────────────────┘
```

［備考］P：Plan、D：Do、C：Check、A：Act

図 4.13　ISO 19011 における監査プログラムのフロー

第5章

要求事項に対する具体的事例が準備されている

　第4章でも述べましたが、ISO 9001規格には、要求事項として、組織が行うべき項目は記載されていますが、その具体的な内容や、実施事例はあまり記載されていません。

　ISO/TS 16949のガイダンスマニュアル(guidance manual)には、種々の実施事例が記載されており、ISO 9001認証組織にとっても、参考にすることができます。

　本章では、それらのうち、設計・開発のインプットとアウトプット、製造工程パフォーマンスの監視指標、教育・訓練の内容と時期、および統計的手法など、ISO/TS 16949の要求事項に関連する実施事例について説明します。

5.1　設計・開発のインプットとアウトプットの例

［ISO 9001 の要求事項］

　ISO 9001 規格では、製品要求事項および設計・開発のインプットとアウトプットに関して、次のことを求めています。

(ISO 9001)

7.2.1 製品に関連する要求事項の明確化	①　次の事項を明確にする。 　a）　顧客が規定した要求事項 　b）　顧客が明示してはいないが、指定された用途または意図された用途に応じた要求事項 　c）　製品に適用される法令・規制要求事項 　d）　組織が必要と判断する追加要求事項のすべて	
7.3.2 設計・開発のインプット	②　製品要求事項に関連するインプットを明確にし、次の事項を含める。 ・機能および性能に関する要求事項 ・適用される法令・規制要求事項 ・以前の類似した設計から得られた情報 ・設計・開発に不可欠なその他の要求事項	
7.3.3 設計・開発のアウトプット	③　設計・開発のアウトプットは、設計・開発のインプットと対比した検証を行うのに適した形式とする。 ④　設計・開発からのアウトプットは、次の状態とする。 ・設計・開発のインプットの要求事項を満たす。 ・購買、製造およびサービスのための情報を提供する。 ・製品の合否判定基準を含む。 ・安全な使用および適正な使用に不可欠な、製品の特性を明確にする。	

［ISO/TS 16949 の要求事項］

　ISO/TS 16949 規格では、設計・開発のインプットとアウトプットに関して、上記の ISO 9001 規格の要求事項に加えて、次のように述べています。

(ISO/TS 16949)

7.3.2.1 製品設計のインプット	⑤ 製品設計のインプット要求事項を明確にし、次の事項を含める。 …（図5.1参照）
7.3.2.2 製造工程設計のインプット	⑥ 製造工程設計のインプット要求事項を明確にし、次の事項を含める。 …（図5.2参照）
7.3.3.1 製品設計のアウトプット	⑦ 製品設計のアウトプットは、製品設計のインプットの要求事項と対比した、検証および妥当性確認ができる用語で表現し、次の事項を含める。 …（図5.1参照）
7.3.3.2 製造工程設計のアウトプット	⑧ 製造工程設計のアウトプットは、製造工程設計のインプットの要求事項と対比した、検証および妥当性確認ができる用語で表現し、次の事項を含める。 …（図5.2参照）

ISO/TS 16949のガイダンスマニュアルでも、設計・開発のインプットとアウトプットの例について述べています。

[ISO 9001認証組織へのISO/TS 16949の活用方法]

　製品要求事項には、①に述べたように、顧客が規定した要求事項以外に、顧客の暗黙の要求・期待、関連法規制、および組織が必要と判断した要求事項が含まれます。しかしISO 9001規格では、その具合的な内容は示していません。ISO 9001規格ではまた、②～④に述べたように、設計・開発のインプットおよびアウトプットについて述べていますが、その具体的な内容については述べていません。

　ISO/TS 16949では、⑤～⑧すなわち図5.1および図5.2に示すように、設計・開発のインプットとアウトプットの例を具体的に示しています。

インプット	アウトプット
顧客要求事項	・設計 FMEA
・特殊特性	・信頼性の結果
・識別	・製品の特殊特性
・トレーサビリティ	・製品の仕様書
・包装	・製品のポカヨケ
種々の情報	・製品の仕様書(図面を含む)
・過去の設計からのフィードバック	・製品のデザインレビューの結果
・競合者の分析	・故障診断のガイドライン
・供給者からのフィードバック	・コスト・性能・事業リスクのトレードオフ分析
・内部からのインプット	・幾何寸法、公差表示方式の使用
・市場のデータ	・組立設計(DFA)
各種の目標	・製造設計(DFM)
・製品要求事項への適合	・実験計画法(DOE)
・製品の寿命	・品質機能展開(QFD)
・信頼性・耐久性の目標	・許容差の検討、適切な代替案
・保全性の目標	・製造部門および市場からのフィードバック
・タイミングの目標	・価値工学(VE)
・コストの目標	

図 5.1　製品設計のインプットとアウトプット(例)

インプット	アウトプット
・製品設計のアウトプット 　（図 5.1 参照） ・生産性の目標 ・工程能力に関する目標 ・コストの目標 ・顧客要求事項 ・過去の経験	・仕様書 ・図面 ・製造工程フローチャート ・製造工程レイアウト ・製造工程 FMEA ・コントロールプラン（QC 工程表） ・作業指示書 ・工程承認の合否判定基準 ・品質・信頼性 ・保全性 ・測定性 ・ポカヨケ活動の結果 ・不適合の迅速な検出とフィードバック方法 ・ポカヨケ ・生産平準化 ・引取り方式による在庫管理 ・同期生産（一個流し） ・見える化管理

図 5.2　製造工程設計のインプットとアウトプット（例）

［ISO 9001 認証組織の ISO/TS 16949 活用のポイント］

　ISO/TS 16949 規格および ISO/TS 16949 のガイダンスマニュアルには、設計・開発のインプットとアウトプットの具体的な例が示されており、ISO 9001 認証組織にとっても、参考にすることができます。

5.2 製造工程パフォーマンスの監視指標の例

［ISO 9001 の要求事項］

ISO 9001 規格では、プロセスの監視について、次のことを求めています。

(ISO 9001)

4.1 品質マネジメント システム / 一般要求事項	① ISO 9001 規格の要求事項に従って、品質マネジメントシステムを確立し、実施する。また、その品質マネジメントシステムの有効性を継続的に改善する。 ② 次の事項を実施する。（一部省略） 　a） 品質マネジメントシステムに必要なプロセスを明確にする。 　e） これらのプロセスを監視し、測定し、分析する。
8.2.3 プロセスの監視および測定	③ 品質マネジメントシステムのプロセスを監視および測定する。計画どおりの結果が達成できない場合には、修正および是正処置をとる。

［ISO/TS 16949 の要求事項］

ISO/TS 16949 規格では、製造工程パフォーマンスの監視に関して、次のように述べています。

(ISO/TS 16949)

8.2.1.1 顧客満足	④ 製品の品質およびプロセスの効率に関する顧客要求事項への適合を実証するために、製造工程のパフォーマンスを監視する。
8.2.3.1 製造工程の監視および測定	⑤ 新しい製造工程に関して、工程能力調査を実施する。 ⑥ 顧客の製品承認プロセス（PPAP）で規定された、製造工程能力（C_{pk}）を維持する。

第5章　要求事項に対する具体的事例が準備されている

[ISO 9001 認証組織への ISO/TS 16949 の活用方法]

　ISO 9001 規格では、①～③に述べたように、プロセスを監視・測定することを求めていますが、その具体的な指標については述べていません。

　ISO/TS 16949 規格では、④～⑥に述べたように、製造工程パフォーマンスを監視・測定することを述べ、ISO/TS 16949 のガイダンスマニュアルでは、製造工程パフォーマンスの監視・測定指標の具体例を示しています(図 5.3 参照)。製造業にとっては、製造プロセスはもっとも重要なプロセスであり、その実施状況を監視して、是正処置、予防処置、改善処置につなげることが必要です。

　品質マネジメントシステムの各プロセスの監視・測定仕様の例を図 5.8 (p.108) に示します。

[ISO 9001 認証組織の ISO/TS 16949 活用のポイント]

　ISO/TS 16949 のガイダンスマニュアルには、製造工程パフォーマンスの監視・測定指標の具体例が示されており、ISO 9001 認証組織としても、参考にすることができます。

ISO/TS 16949 のガイダンスマニュアル	その他の例＊
・あんどんシステムの手順 ・直行率 ・リードタイムの削減 ・生産平準化 ・ポカヨケが機能した回数 ・計画的な設備保全 ・標準化作業、見える化管理	・検査不良率、生産歩留率 ・製造コスト ・製品特性の工程能力指数 ・機械のチョコ停時間 ・生産リードタイム ・設備稼働率、在庫回転率 ・顧客クレーム件数

＊巻末の参考文献 11) 参照

図 5.3　製造工程パフォーマンスの監視指標(例)

5.3 教育・訓練の内容と時期

[ISO 9001 の要求事項]

ISO 9001 規格では、教育・訓練に関して、次のことを求めています。

(ISO 9001)

6.2.2 力量、教育・訓練 および認識	① 次の事項を実施する。 a) 製品要求事項への適合に影響がある仕事に従事する要員に必要な力量を明確にする。 b) 必要な力量が不足している場合には、その必要な力量に到達するように教育・訓練を行う。 c) 実施した教育・訓練の有効性を評価する。

[ISO/TS 16949 の要求事項]

ISO/TS 16949 では、教育・訓練に関して、上記の ISO 9001 規格の要求事項に加えて、次のように述べています。

(ISO/TS 16949)

6.2.2.1 製品設計の技能	② 製品設計に責任をもつ要員に対して、次のことを確実にする。 ・設計要求事項を実現する力量をもつ。 ・必要なツールと技能をもつ。
6.2.2.2 教育・訓練	③ 製品に関する要求事項への適合に影響する活動に従事するすべての要員に対して、教育・訓練のニーズおよび達成すべき力量を明確にし、実施する。
6.2.2.3 業務を通じた教育・訓練（OJT）	④ 製品要求事項への適合に影響する新規の業務または変更された業務について、要員に教育・訓練を行う。 ⑤ これには、契約または派遣の要員を含む。 ⑥ 製品要求事項への適合に影響を与える要員には、不適合が顧客に与える影響を知らせる。

[ISO 9001 認証組織への ISO/TS 16949 の活用方法]

　ISO 9001 規格では、①に述べたように、必要な力量を身につけるための教育・訓練の手順について述べています。これを図示すると図5.4のようになります。しかし ISO 9001 規格では、教育・訓練の具体的な内容については述べていません。ISO/TS 16949 では設計・開発が重要視されており、ISO/TS 16949 のガイダンスマニュアルでは、②に述べたように、設計者に必要な具体的な技能(力量)の例について述べています(図5.5参照)。

　なお、製造工程の設計・開発に必要な力量については、ISO/TS 16949 規格では特に規定されていませんが、ISO/TS 16949 では、製造工程設計を重要視しているため、組織として考慮することが必要でしょう。

　ISO/TS 16949 では、③に述べたように、すべての要員に対して教育・訓練を行うことを述べています。また業務を通じた教育・訓練(いわゆる OJT、on-the-job training)に関しては、④に述べたように、新規業務や変更業務に対する教育・訓練が必要なこと、および⑤に述べたように、正社員だけでなく契約社員や派遣社員に対しても、OJT による教育・訓練が必要であることを述べています。

　なお教育・訓練は、年度計画を立てて実施するのが一般的ですが、ISO/TS 16949 のガイダンスマニュアルでは、次のように述べています。

　　　　　　　　　　　　　　　　　　(ISO/TS 16949 ガイダンスマニュアル)

6.2.2.2 教育・訓練	⑦　次のような急激な組織の変化時に、大きなリスクがあることが、監査の経験からわかっている。 ・吸収、合併、合弁 ・新技術の導入 ・製品、プロセスの新規導入または大きな変更 ・施設の新規導入または大きな変更 ・急激な成長または縮小

　⑦に述べたように、急激な組織の変化時に組織としてのリスクが大きく、教育・訓練が必要となります(図5.6参照)。

[ISO 9001 認証組織の ISO/TS 16949 活用のポイント]

　ISO/TS 16949 のガイダンスマニュアルでは、製品設計技術者に必要な力量の例、新規業務や変更業務に対する教育・訓練、および正社員だけでなく契約社員や派遣社員に対する OJT による教育・訓練について、具体的な内容について述べています。また教育・訓練は、年度計画を立てて定期的に実施するだけでなく、急激な組織の変化時に組織としてのリスクがあり、教育・訓練が必要であると述べています。これらは、ISO 9001 認証組織にとっても参考になるでしょう。

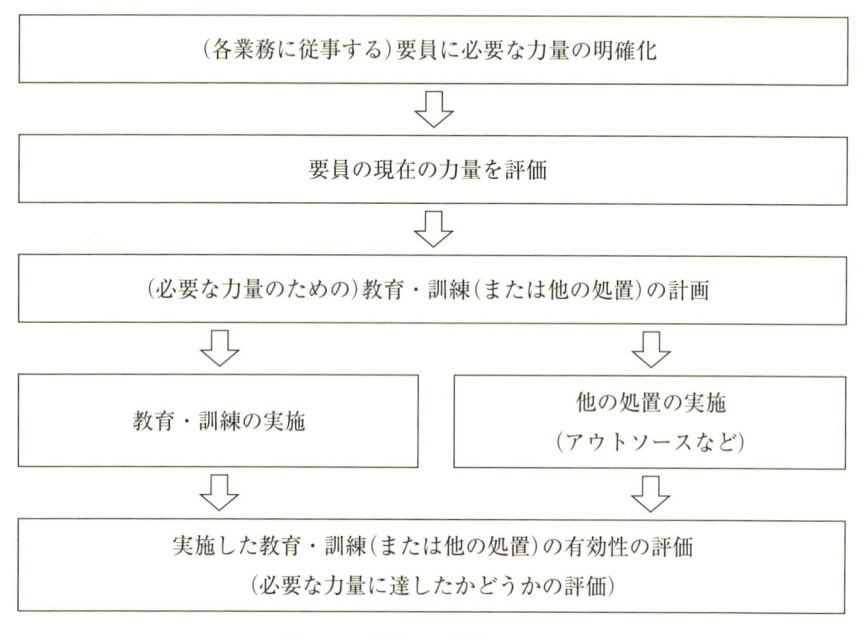

```
┌─────────────────────────────────────────┐
│  （各業務に従事する）要員に必要な力量の明確化  │
└─────────────────────────────────────────┘
                     ⇩
┌─────────────────────────────────────────┐
│          要員の現在の力量を評価              │
└─────────────────────────────────────────┘
                     ⇩
┌─────────────────────────────────────────┐
│（必要な力量のための）教育・訓練（または他の処置）の計画│
└─────────────────────────────────────────┘
           ⇩                    ⇩
┌──────────────────┐  ┌──────────────────┐
│   教育・訓練の実施   │  │    他の処置の実施    │
│                  │  │  （アウトソースなど）   │
└──────────────────┘  └──────────────────┘
           ⇩                    ⇩
┌─────────────────────────────────────────┐
│ 実施した教育・訓練（または他の処置）の有効性の評価 │
│     （必要な力量に達したかどうかの評価）        │
└─────────────────────────────────────────┘
```

図 5.4　教育・訓練のフロー

製品設計の技能
・コンピュータ支援設計(CAD)　　・有限要素解析(FEA) ・製造設計(DFM)　　　　　　　　・幾何寸法および公差表示方式 ・組立設計(DFA)　　　　　　　　　(GD&T) ・実験計画法(DOE)　　　　　　　・品質機能展開(QFD) ・コンピュータ支援エンジニアリング　・信頼性工学 　(CAE)　　　　　　　　　　　　・シミュレーション技法 ・故障モード影響解析(FMEA)など　・価値工学(VE)など

図5.5　製品設計に必要な技能(例)

```
┌──────────┐  ┌──────────┐  ┌──────────┐  ┌──────────┐
│吸収、合併、│  │新技術の導入│  │製品、プロセ│  │急激な成長ま│
│合弁      │  │          │  │ス、施設の新│  │たは縮小    │
│          │  │          │  │規導入、変更│  │          │
└────┬─────┘  └─────┬────┘  └─────┬────┘  └─────┬────┘
     ⇩              ⇩              ⇩              ⇩
┌──────────┐  ┌──────────┐  ┌──────────┐  ┌──────────┐
│マネジメントの│ │技術の変化  │ │製品実現プロセ│ │規模の変化  │
│変化        │ │          │ │スの変化    │ │          │
└────┬─────┘  └─────┬────┘  └─────┬────┘  └─────┬────┘
     ⇩              ⇩              ⇩              ⇩
┌─────────────────────────────────────────────────────┐
│              組織としてのリスクが大きくなる              │
└─────────────────────────┬───────────────────────────┘
                          ⇩
┌─────────────────────────────────────────────────────┐
│                    教育・訓練が必要                    │
└─────────────────────────────────────────────────────┘
```

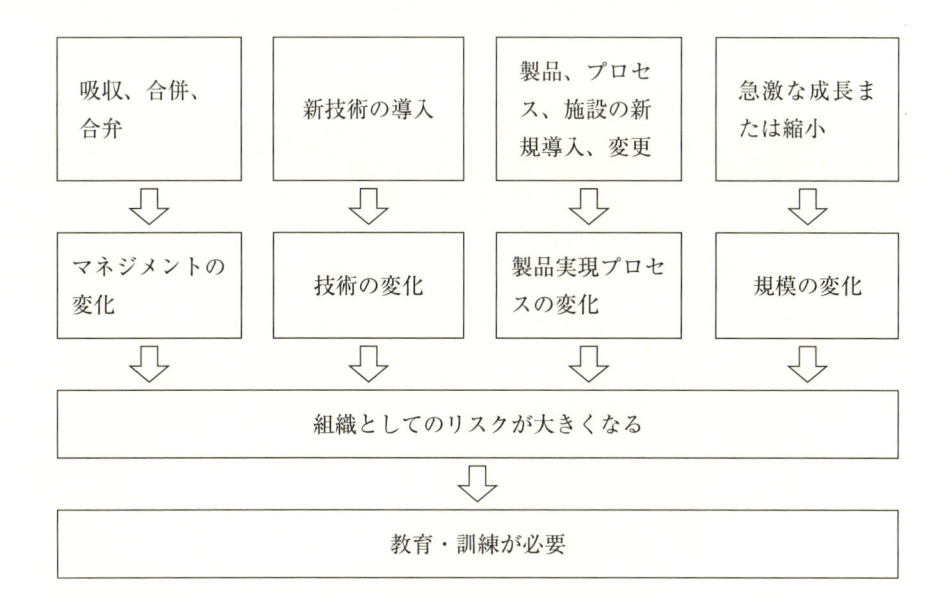

図5.6　教育・訓練が必要な時期

5.4 統計的手法の例

[ISO 9001 の要求事項]
　ISO 9001 規格では、統計的手法に関して、次のことを求めています。

(ISO 9001)

8.1 測定、分析および 改善 / 一般	①　必要となる監視、測定、分析および改善のプロセスを計画し、実施する。 ②　これには、統計的手法を含め、適用可能な方法、およびその使用の程度を決定することを含める。

[ISO/TS 16949 の要求事項]
　ISO/TS 16949 規格では、基本的統計概念の知識に関して、次のように述べています。

(ISO/TS 16949)

8.1.2 基本的統計概念の 知識	③　次のような基本的な統計概念は、組織全体にわたって理解し、利用されるようにする。 ・バラツキ、安定性、工程能力、オーバーアジャストメントなど

[ISO 9001 認証組織への ISO/TS 16949 の活用方法]
　統計的手法は、品質マネジメントシステムおよびそのプロセスを監視・測定したデータを分析し、是正処置、予防処置および継続的改善のために必要なツールですが、ISO 9001 規格では、①および②に述べたように、どのような統計的手法を利用すればよいのかについては述べていません。
　ISO/TS 16949 規格では、③に述べたように、基本的な統計的手法について述べています。また ISO/TS 16949 のガイダンスマニュアルでは、図 5.7 に示すように、製品実現プロセスの各ステップで利用することのできる統計的手法の例について述べています。ISO/TS 16949 ではまた、本書の 7.4 節で述べる、管理図や工程能力指数など、種々の統計的工程管理手法について述べた、SPC 参照マニュアルが準備されています。

第 5 章　要求事項に対する具体的事例が準備されている

[ISO 9001 認証組織の ISO/TS 16949 活用のポイント]
　継続的改善のツールとして有効な統計的手法については、ISO/TS 16949 規格、ISO/TS 16949 のガイダンスマニュアル、および SPC 参照マニュアルで解説されており、ISO 9001 認証組織にとっても利用することができます。

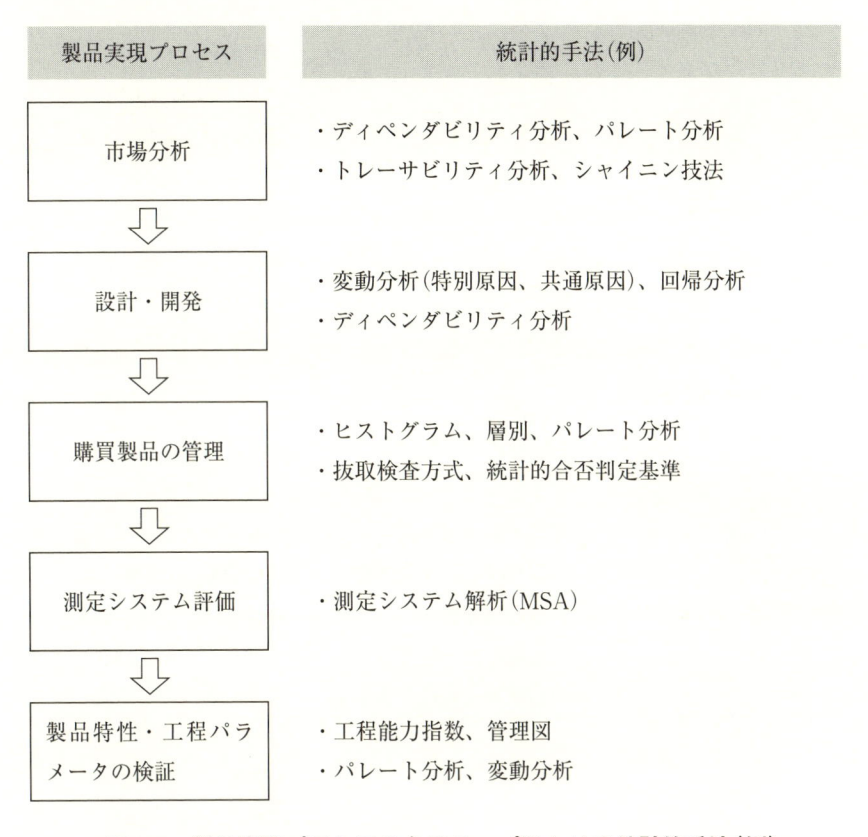

製品実現プロセス	統計的手法(例)
市場分析	・ディペンダビリティ分析、パレート分析 ・トレーサビリティ分析、シャイニン技法
設計・開発	・変動分析(特別原因、共通原因)、回帰分析 ・ディペンダビリティ分析
購買製品の管理	・ヒストグラム、層別、パレート分析 ・抜取検査方式、統計的合否判定基準
測定システム評価	・測定システム解析(MSA)
製品特性・工程パラメータの検証	・工程能力指数、管理図 ・パレート分析、変動分析

図 5.7　製品実現プロセスの各ステップにおける統計的手法(例)

区分	プロセス	プロセスの監視・測定指標	
顧客志向プロセス	受注プロセス	・レビュー所要日数 ・受注率 ・システム入力ミス件数	・受注金額 ・利益見込率 ・マーケットシェア
	製品設計開発プロセス	・APQP進捗度 ・初回設計成功率 ・試作回数	・開発コスト ・特殊特性工程能力指数 ・VA・VE提案金額
	工程設計開発プロセス	・APQP進捗度 ・試作回数、試作コスト ・製造リードタイム	・特殊特性工程能力指数 ・製造コスト ・VA・VE提案金額
	製造プロセス	・生産歩留率 ・生産リードタイム ・製造コスト	・特殊特性工程能力指数 ・チョコ停時間、直行率 ・設備稼働率
	製品検査プロセス	・受入検査不合格率 ・工程内検査不良率 ・最終検査不良率	・特別採用件数 ・工程能力指数 ・製品監査不適合件数
支援プロセス	購買プロセス	・受入検査不合格率 ・購買製品の納期達成率 ・購買製品の特別輸送費	・外注先不良発生費用 ・購買先監査不適合件数 ・供給者QCD評価結果
	教育訓練プロセス	・教育訓練実施率 ・教育訓練有効性評価 ・資格認定試験の合格率	・社内講師力量評価結果 ・外部セミナー受講費用 ・自らの役割の認識度
マネジメントプロセス	方針展開プロセス	・品質目標対前年改善度 ・品質目標達成度 ・品質目標計画実施度	・目標実行計画改善度 ・プロセスの計画達成度 ・次期繰り越し件数
	顧客満足プロセス	・顧客満足度 ・顧客クレーム件数 ・顧客返品率	・マーケットシェア ・顧客補償請求金額 ・納期遅延率

[備考]各指標は、対計画達成度または対前年改善度で有効性を評価
＊巻末の参考文献11)参照

図 5.8　プロセスの監視・測定指標(例)

第6章

◆

プロセスアプローチでパフォーマンス改善

　プロセスアプローチは、ISO 9001 規格でも述べています。しかし、ISO 9001 認証組織で、品質マネジメントシステムの運用をプロセスアプローチにもとづいて適切に実施している組織は多いとはいえません（"だから、ISO 9001 が経営に役に立っていないのだ"と、筆者はいいたいのですが）。

　本章では、タートル図、プロセスアプローチ、品質マネジメントシステムのプロセス、およびプロセスアプローチ式監査などについて説明します。

6.1 プロセスの分析(タートル図)

[ISO 9001 の要求事項]

ISO 9001 規格では、品質マネジメントシステムに関する基本的な事項として、次のことを求めています。

(ISO 9001)

4.1 品質マネジメント システム／一般	① ISO 9001 規格の要求事項に従って、品質マネジメントシステムを確立し、実施する。また、その品質マネジメントシステムの有効性を継続的に改善する。 ② 次の事項を実施する。 　a) 品質マネジメントシステムに必要な組織のプロセスと、組織への適用を明確にする。 　b) 各プロセスの順序と相互関係を明確にする。 　c) 各プロセスの運用・管理のための方法と判断基準を明確にする。 　d) 各プロセスののための資源と情報を準備する。 　e) 各プロセスの監視・測定および分析を実施する。 　f) 各プロセスについて、計画どおりの結果を得るため、および継続的改善のための処置をとる。

[ISO/TS 16949 の要求事項]

ISO/TS 16949 規格における品質マネジメントシステムに関する要求事項も、①および②の ISO 9001 規格と同じで、追加要求事項は特にありません。

[ISO 9001 認証組織への ISO/TS 16949 の活用方法]

②のa)～f)は、プロセス(組織の活動単位)とその運用・管理方法を計画して、必要な資源を準備し(plan)、それらのプロセスを実行し(do)、プロセスの実施状況を監視・測定・分析して(check)、プロセスの計画達成のための処置を取る(act)、すなわち品質マネジメントシステムのプロセスを PDCA(Plan 計画 – Do 実行 – Check 検証 – Act 改善)の改善サイクルで運用・管理することを述べています(図 6.1 参照)。

第6章　プロセスアプローチでパフォーマンス改善

　また②のa)～f)は、図6.2のプロセス分析図のように表すこともできます。この図は、ISO/TS 16949ではタートル図(turtle model)と呼ばれています。タートル図は、後で述べるように、監査に利用することができます。製造プロセスのタートル図の例を図6.3に示します。ここで評価指標は、いわゆるKPI(key process index)といわれる主要プロセス指標です。

[ISO 9001 認証組織の ISO/TS 16949 活用のポイント]
　ISO/TS 16949で利用されているタートル図は、ISO/TS 16949固有のものではなく、もともとISO 9001に含まれている内容です。活用したいものです。

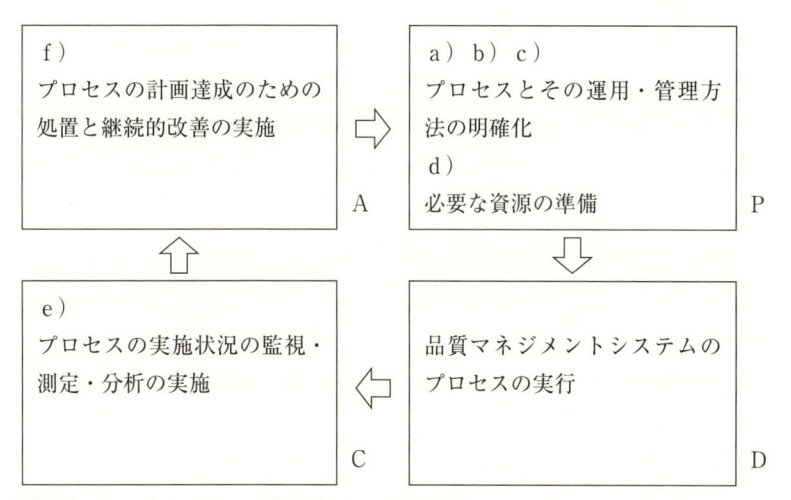

```
┌─────────────────┐        ┌─────────────────┐
│ f)              │        │ a) b) c)        │
│ プロセスの計画達成のための │   ⇨    │ プロセスとその運用・管理方 │
│ 処置と継続的改善の実施    │        │ 法の明確化          │
│                 │        │ d)              │
│                 │    A   │ 必要な資源の準備      │   P
└─────────────────┘        └─────────────────┘
         ⇧                          ⇩
┌─────────────────┐        ┌─────────────────┐
│ e)              │        │ 品質マネジメントシステムの │
│ プロセスの実施状況の監視・ │   ⇦    │ プロセスの実行        │
│ 測定・分析の実施       │        │                 │
│                 │    C   │                 │   D
└─────────────────┘        └─────────────────┘
```

[備考] a)～f)はISO 9001規格(4.1)の項目を示す。

図6.1　プロセスにおけるPDCA改善サイクル

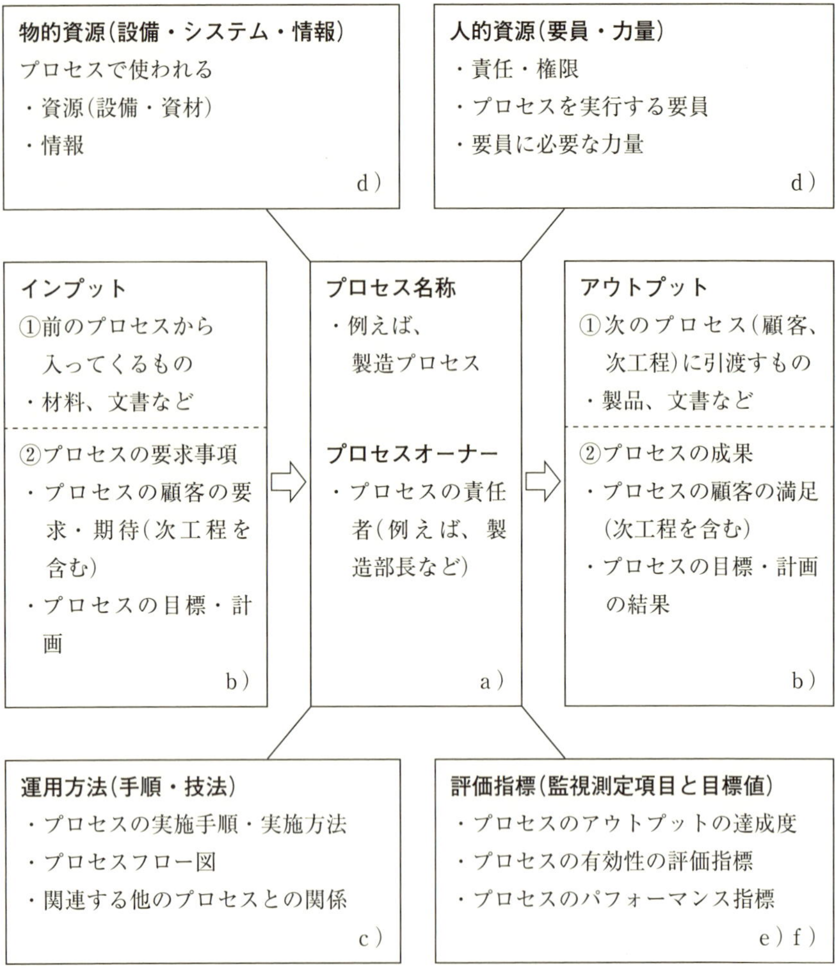

物的資源(設備・システム・情報)	人的資源(要員・力量)
プロセスで使われる ・資源(設備・資材) ・情報 　　　　　　　　　　d)	・責任・権限 ・プロセスを実行する要員 ・要員に必要な力量 　　　　　　　　　　d)

インプット	プロセス名称	アウトプット
①前のプロセスから入ってくるもの ・材料、文書など	・例えば、製造プロセス	①次のプロセス(顧客、次工程)に引渡すもの ・製品、文書など
②プロセスの要求事項 ・プロセスの顧客の要求・期待(次工程を含む) ・プロセスの目標・計画 　　　　　　　　　　b)	プロセスオーナー ・プロセスの責任者(例えば、製造部長など) 　　　　　　　　　　a)	②プロセスの成果 ・プロセスの顧客の満足(次工程を含む) ・プロセスの目標・計画の結果 　　　　　　　　　　b)

運用方法(手順・技法)	評価指標(監視測定項目と目標値)
・プロセスの実施手順・実施方法 ・プロセスフロー図 ・関連する他のプロセスとの関係 　　　　　　　　　　c)	・プロセスのアウトプットの達成度 ・プロセスの有効性の評価指標 ・プロセスのパフォーマンス指標 　　　　　　　　　　e) f)

[備考] a)～f)は ISO 9001 規格(4.1)の項目を示す。

図 6.2　タートル図(プロセス分析図)の要素

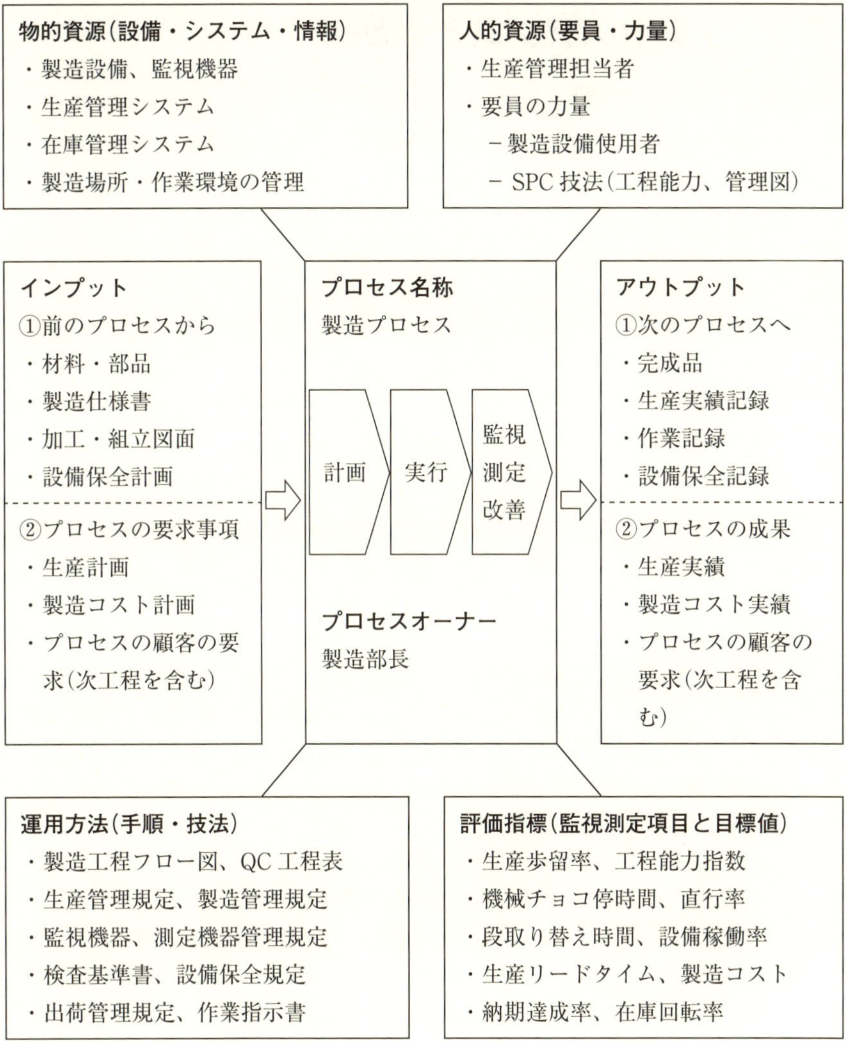

第6章　プロセスアプローチでパフォーマンス改善

物的資源(設備・システム・情報)	人的資源(要員・力量)
・製造設備、監視機器 ・生産管理システム ・在庫管理システム ・製造場所・作業環境の管理	・生産管理担当者 ・要員の力量 　－製造設備使用者 　－SPC技法(工程能力、管理図)

インプット	プロセス名称 製造プロセス	アウトプット
①前のプロセスから ・材料・部品 ・製造仕様書 ・加工・組立図面 ・設備保全計画	計画 → 実行 → 監視測定改善	①次のプロセスへ ・完成品 ・生産実績記録 ・作業記録 ・設備保全記録
②プロセスの要求事項 ・生産計画 ・製造コスト計画 ・プロセスの顧客の要求(次工程を含む)	プロセスオーナー 製造部長	②プロセスの成果 ・生産実績 ・製造コスト実績 ・プロセスの顧客の要求(次工程を含む)

運用方法(手順・技法)	評価指標(監視測定項目と目標値)
・製造工程フロー図、QC工程表 ・生産管理規定、製造管理規定 ・監視機器、測定機器管理規定 ・検査基準書、設備保全規定 ・出荷管理規定、作業指示書	・生産歩留率、工程能力指数 ・機械チョコ停時間、直行率 ・段取り替え時間、設備稼働率 ・生産リードタイム、製造コスト ・納期達成率、在庫回転率

図6.3　製造プロセスのタートル図(例)

6.2　プロセスアプローチとは

［ISO 9001 の要求事項］

　ISO 9001 規格では、プロセスアプローチについて、次のように述べています。

(ISO 9001)

0.2 プロセスアプローチ	① ISO 9001 規格は、顧客要求事項を満たすことによって顧客満足を向上させるために、品質マネジメントシステムを構築し、実施し、その有効性を改善する際に、プロセスアプローチを採用することを奨励している。 ② 組織が効果的に機能するためには、数多くの関連し合う活動を明確にし、運営管理する必要がある。インプットをアウトプットに変換するために資源を使って運営管理される活動は、プロセスとみなすことができる。一つのプロセスのアウトプットは、多くの場合、次のプロセスへの直接のインプットとなる。 ③ 組織内において、望まれる成果を生み出すために、プロセスを明確にし、その相互関係を把握し、運営管理することとあわせて、一連のプロセスをシステムとして適用することを、"プロセスアプローチ"と呼ぶ。 ④ 品質マネジメントシステムで、プロセスアプローチを使用すると、次の事項の重要性が強調される。 　a) 要求事項を理解し、満たす。 　b) 付加価値の点でプロセスを考慮する必要性 　c) プロセスの実施状況および有効性の成果を得る。 　d) 客観的な測定結果にもとづく、プロセスの継続的改善

［ISO/TS 16949 の要求事項］

　ISO/TS 16949 規格における、プロセスアプローチに関する、追加要求事項は特にありません。

第6章　プロセスアプローチでパフォーマンス改善

[ISO 9001 認証組織への ISO/TS 16949 の活用方法]

　ISO/TS 16949 規格は、ISO 9001 規格を変更することなくそのまま引用し、これに自動車業界固有の要求事項を追加したもので、次のように表すことができます。

ISO/TS 16949 ＝ ISO 9001 ＋α　（αは自動車業界固有の要求事項）

　プロセスアプローチは、ISO 9001 規格の 2000 年版で登場したものですが、ISO 9001 では、プロセスアプローチの運用が必ずしも適切に行われていないのが現状です。一方 ISO/TS 16949 規格では、プロセスアプローチによる品質マネジメントシステムの運用や監査が、必要条件として要求されています。

　それでは、"ISO/TS 16949 では、ISO 9001 規格に追加された自動車業界固有の要求事項に、プロセスアプローチが含まれているのであろう"と思われるかもしれませんが、決してそうではありません。①～④に述べたように、ISO/TS 16949 の ISO 9001 規格に対する追加要求事項には、プロセスアプローチに関することは含まれていません。ISO/TS 16949 では、IATF 認証取得ルール（rules for achieving IATF recognition）において、ISO/TS 16949 規格どおりに（ISO 9001 規格どおりに）、プロセスアプローチの採用が求められています（図 6.4 参照）。

　また、ISO 9001 規格の基本について述べている ISO 9000 規格では、品質マネジメントシステムのアプローチの手順について、図 6.5 に示すように述べています。この図では、顧客の要求と期待を明確にし、それらを考慮した品質方針と品質目標を設定し、品質目標の達成に必要なプロセスを明確にし、必要な資源を準備し、各プロセスを実行し、プロセスの有効性を測定し、プロセスが計画どおりの結果を達成できそうにない場合に適切な処置をとって、プロセスの計画を達成し、その結果品質目標を達成するというものです。すなわちこれが、プロセスアプローチのことを述べているのです。

　後のプロセスアプローチ式監査のところでも述べますが、前項で述べたタートル図は、監査に利用することができます。このタートル図は、ISO/TS 16949 固有の要求事項であると考えている人が多いようですが、前項で述べたように、タートル図は、そもそも ISO 9001 規格の箇条 4.1 の a) ～ f) を並べたものに過ぎません。タートル図もプロセスアプローチも、ISO/TS 16949 固

115

有のものではなく、もともと ISO 9001 規格に含まれているものです。

[ISO 9001 認証組織の ISO/TS 16949 活用のポイント]

　ISO/TS 16949 の要求事項となっているプロセスアプローチは、ISO 9001 に含まれているものですが、ISO 9001 では、プロセスアプローチの運用が必ずしも適切に行われていません。品質マネジメントシステムを、ルールどおりに仕事を行うことから、プロセスの有効性と効率、およびパフォーマンスの改善に変えていくためには、プロセスアプローチが有効なツールとなります。

	ISO 9001 規格	ISO/TS 16949 規格
規格の構成	ISO 9001	ISO 9001 + α （α は自動車業界の固有の要求事項。α にはプロセスアプローチに関する記述はない）
プロセスアプローチ	必ずしも要求事項として運用されていない	要求事項 (ISO/TS 16949 の IATF 認証取得ルール)

図 6.4　ISO 9001 と ISO/TS 16949 におけるプロセスアプローチの扱い

第6章 プロセスアプローチでパフォーマンス改善

手順	説明	PDCA
顧客のニーズと期待の明確化	・顧客の明確な要求と顧客の暗黙の期待の両方を考慮する。	P
品質方針・品質目標の設定	・顧客のニーズと期待を考慮した品質方針と品質目標を設定する。	P
品質目標達成に必要なプロセスと責任の明確化	・品質マネジメントシステムのプロセスは、顧客満足を考慮して決める。	P
品質目標の達成に必要な資源の明確化と提供	・目標の達成とプロセスの運用管理に必要な資源(人、設備)を確保する。	PD
プロセスの有効性と効率の測定方法の決定	・プロセスが計画どおりに実施されていることを測定する方法を決める。	P
プロセスの有効性と効率の判定指標の決定と実施	・プロセスの目標が達成されたかどうかを判定する基準を適用する。	DC
不適合の予防と原因除去の方法の決定	・発生する可能性のある不適合に対して、予防処置をとる。	A
継続的改善のためのプロセスの決定と実施	・有効性の継続的改善の手順を明確にして、実施する。	PDCA

［備考］P：plan、D：do、C：check、A：act

図6.5　品質マネジメントシステムのアプローチ

6.3　品質マネジメントシステムのプロセス

［ISO 9001 の要求事項］

　ISO 9001 規格では、品質マネジメントシステムのプロセスについて、次のことを求めています。

(ISO 9001)

4.1 品質マネジメントシステム／一般要求事項	①　次の事項を実施する。（一部省略） 　a）　品質マネジメントシステムに必要な組織のプロセスと、組織への適用を明確にする。 　b）　各プロセスの順序と相互関係を明確にする。 　e）　各プロセスの監視・測定および分析を実施する。 　f）　各プロセスについて、計画どおりの結果を得るため、および継続的改善のための処置をとる。

［ISO/TS 16949 の要求事項］

　品質マネジメントシステムのプロセスの明確化に関しては、ISO/TS 16949 規格も①に述べた ISO 9001 規格と基本的に同じで、ISO/TS 16949 固有の要求事項はありません。

［ISO 9001 認証組織への ISO/TS 16949 の活用方法］

　ISO 9001 規格では、①に述べたように、品質マネジメントシステムに必要なプロセスを組織が決め、それらのプロセスを ISO 9001 規格の要求事項に従って運営管理することを求めています。

　しかし、ISO 9001 認証組織のなかには、品質マネジメントシステムのプロセスを、ISO 9001 の要求事項と同じであるとしている場合があります。図 6.6 は ISO 9001 規格の序文に出てくる、組織の品質マネジメントシステムの例を示す図ですが、この図のなかに、経営者の責任、資源の運用管理、製品実現および測定・分析・改善という項目があり、これらが ISO 9001 規格の要求事項の項目に相当することから、"品質マネジメントシステムのプロセスは、ISO 9001 の要求事項にあわせる必要がある"と誤解されているようです。

ISO 9001 規格要求事項の項目名を、そのまま品質マネジメントシステムのプロセスとしたのでは、①のe)、f)に述べた、プロセスを監視・測定し、是正処置につなげることが容易ではない場合が出てきます。品質マネジメントシステムのプロセスは、組織にとって重要な活動(業務)とする必要があります。

ISO/TS 16949 では、ISO/TS 16949 の IATF 認証取得ルールにおいて、品質マネジメントシステムのプロセスを、顧客志向プロセス(customer oriented process、COP)、マネジメントプロセスおよび支援プロセスの3つの区分に分類しています。顧客志向プロセスは、顧客とのつながりが強いプロセス、支援プロセスは、顧客志向プロセスを支援するプロセス、そしてマネジメントプロセスは、品質マネジメントシステム全体を管理するプロセスです(図6.7参照)。

顧客志向プロセスには、例えば、マーケティングプロセス、受注プロセス、製品の設計・開発プロセス、製造工程の設計・開発プロセス、設計・開発の妥当性確認プロセス、製造プロセス、検査プロセス、引渡しプロセス、フィードバックプロセスなどがあります。また支援プロセスには、例えば、購買プロセス、生産管理プロセス、設備保全プロセス、測定器管理プロセス、教育・訓練プロセス、文書管理プロセスなどがあり、マネジメントプロセスには、例えば、方針展開プロセス、内部監査プロセス、顧客満足プロセス、資源の提供プロセス、法規制管理プロセス、継続的改善プロセスなどが考えられます。これらのプロセス一例であり、組織によって決定されることが必要です(図6.8参照)。

[ISO 9001 認証組織の ISO/TS 16949 活用のポイント]

ISO 9001 では、品質マネジメントシステムに必要なプロセスを組織自身が決めることを求めています。ISO 9001 規格要求事項に縛られるのではなく、組織にとって重要なプロセスを明確にして、運用・管理することが望まれます。

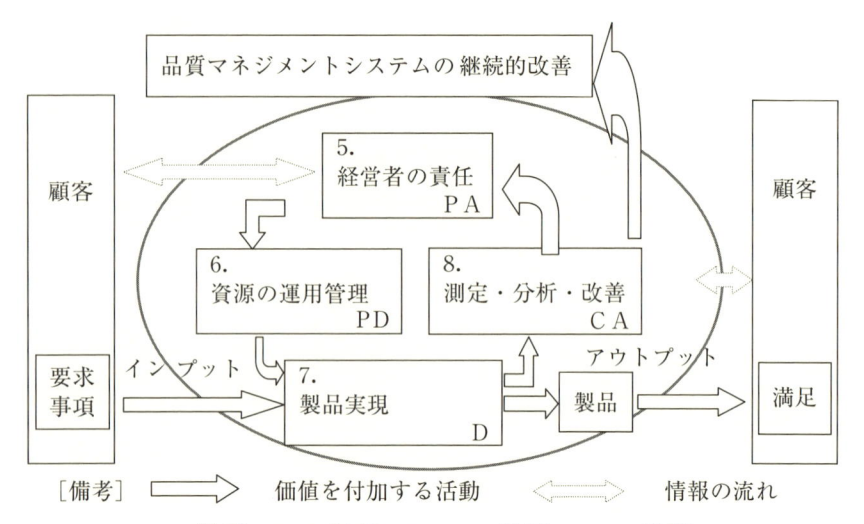

```
                品質マネジメントシステムの継続的改善

                        ┌─────────────┐
                        │    5.       │
        ┌──────────────→│ 経営者の責任 │←─────────┐
        │               │    P A      │          │
        │               └──────┬──────┘          │
        │                      ↓                 │
        │  ┌──────────────┐        ┌──────────────┐
        │  │   6.         │        │   8.         │
 顧客    │  │ 資源の運用管理 │        │ 測定・分析・改善 │  顧客
        │  │    P D       │        │    C A       │
        │  └──────────────┘        └──────┬───────┘
        │                                 ↑
 要求    インプット   ┌──────────────┐      アウトプット   満足
 事項   ─────────→  │   7.         │──→ 製品 ─────→
                    │  製品実現     │
                    │         D    │
                    └──────────────┘
```

［備考］ ⇒ 価値を付加する活動　⇔ 情報の流れ

P：plan(計画)、D：do(実行)、C：check(検証)、A：act(改善)
［出典］JIS Q 9001：2008 品質マネジメントシステム−要求事項

図6.6　品質マネジメントシステムのモデル(例)

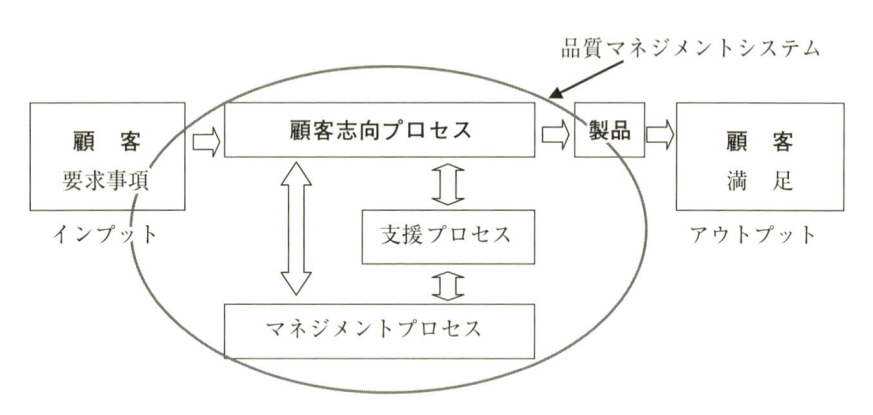

                                    品質マネジメントシステム

```
                    ┌──────────────┐
  顧 客              │ 顧客志向プロセス │       ┌────┐    顧 客
  要求事項  ────→    └──────┬───────┘  ─→   │製品│ →   満 足
                            ↕                └────┘
                    ┌──────────────┐
                    │  支援プロセス  │
                    └──────┬───────┘
                            ↕
                    ┌──────────────┐
                    │マネジメントプロセス│
                    └──────────────┘
  インプット                                        アウトプット
```

図6.7　品質マネジメントシステムのプロセス(例)

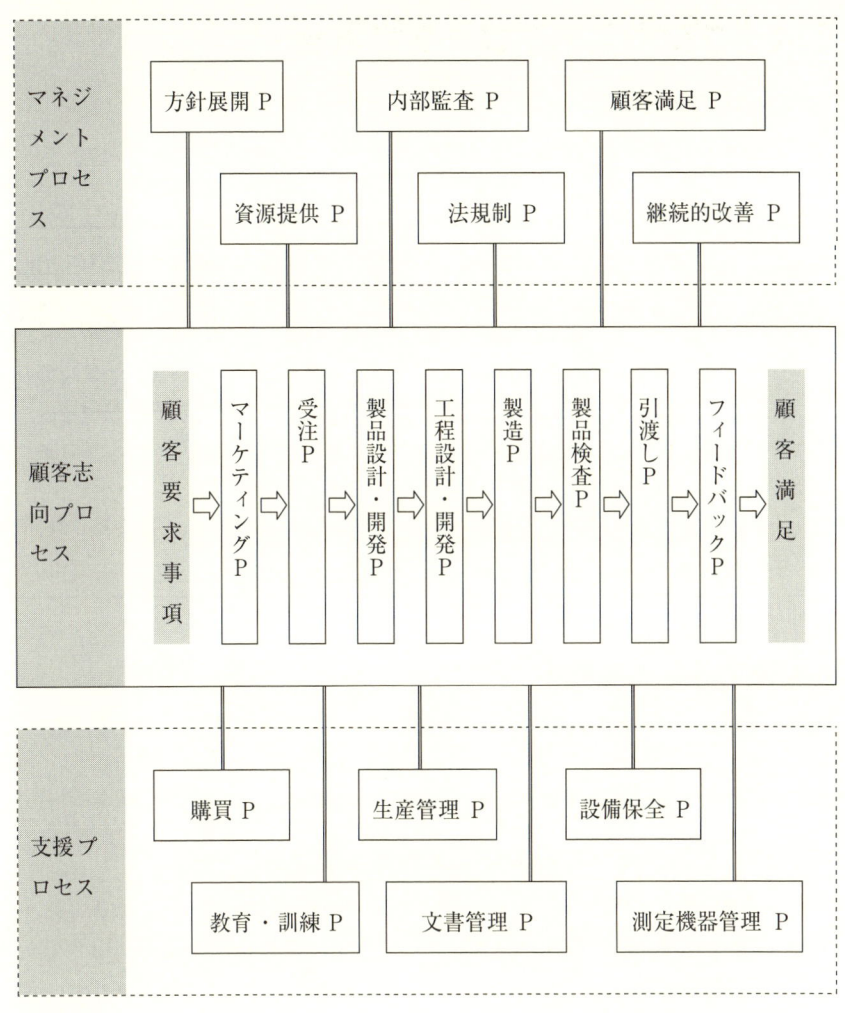

第6章 プロセスアプローチでパフォーマンス改善

マネジメントプロセス
- 方針展開 P
- 内部監査 P
- 顧客満足 P
- 資源提供 P
- 法規制 P
- 継続的改善 P

顧客志向プロセス

顧客要求事項 → マーケティング P → 受注 P → 製品設計・開発 P → 工程設計・開発 P → 製造 P → 製品検査 P → 引渡し P → フィードバック P → 顧客満足

支援プロセス
- 購買 P
- 生産管理 P
- 設備保全 P
- 教育・訓練 P
- 文書管理 P
- 測定機器管理 P

［備考］P：プロセス

図6.8 品質マネジメントシステムのプロセス関連図（例）

6.4　プロセスアプローチ式監査

[ISO 9001 の要求事項]

　ISO 9001 規格では、内部監査に関して、次のことを求めています。

(ISO 9001)

8.2.2 内部監査	①　品質マネジメントシステムの次の事項が満たされているか否かを明確にするために、あらかじめ定められた間隔で内部監査を実施する。 　a）　品質マネジメントシステムが、個別製品の実現の計画に適合しているか、この規格の要求事項に適合しているか、および組織が決めた品質マネジメントシステム要求事項に適合しているか。 　b）　品質マネジメントシステムが効果的に実施され、維持されているか。

[ISO/TS 16949 の要求事項]

　①に述べた ISO 9001 規格における内部監査の基本的な目的に対する、ISO/TS 16949 規格の追加要求事項は、特にありません。

[ISO 9001 認証組織への ISO/TS 16949 の活用方法]

　"ISO 9001 認証を取得したが、パフォーマンスが改善しない"という、多くの組織がかかえる問題に対して、最近は、"今までは適合性の監査が中心であったが、今後は有効性の監査に変えていくことが必要である"といわれています。確かに今までの監査では、"ISO 9001 の要求事項を満たしていない。組織が決めたルールどおりに仕事が行われていない。したがって不適合である"というような、要求事項への適合性に関する指摘事項が多かったことも事実です。適合性の監査から有効性の監査に変えることは好ましいことです。しかし、適合性の監査から有効性の監査に変われば、そして品質マネジメントシステムの"有効性"を改善すれば、それだけで組織のパフォーマンスが改善し、経営に役に立つのでしょうか。

第6章 プロセスアプローチでパフォーマンス改善

①に述べた内部監査の目的のうちa)は、いわゆる適合性の監査に相当し、b)は有効性の監査に相当するということができます。一方ISO/TS 16949では、ISO/TS 16949のガイダンスマニュアルにおいて、内部監査や審査を、プロセスアプローチ方式で行うことを求めています。

監査の方法には、従来から行われているものとして、部門別監査があります。部門別監査は、組織内の部門ごとに行われる監査で、それぞれの部門に関連する規格要求事項およびその部門の業務手順に対して行われます。この監査は、要求事項または業務手順に適合しているかどうかを確認するもので、適合性の監査に相当します。これに対して、要求事項への適合性よりも、むしろ目標と計画の達成状況、すなわち有効性とパフォーマンスに重点をおいて確認する監査の方法があります。これをプロセスプローチ式監査と呼びます。

従来の部門別監査では、主として各部門の業務やプロセスが要求事項あるいは規定どおりに行われているかどうかを確認することが中心となります。例えば図6.3(p.113)に示した製造プロセスについて考えると、製造プロセスのインプットやアウトプットが、規定どおりに作成されたかどうか、それらの文書や記録があるかの確認が行われます。物的資源に関しては、各製造設備や監視・測定機器が適切に管理されているかが確認されます。また人的資源に関しては、製造プロセスに必要な要員の力量が明確になり、必要な教育・訓練が行われ、実施した教育・訓練が有効であったかどうかの確認が行われます。運用方法に関しては、製造プロセスが、例えばQC工程表(コントロールプラン)どおりに実施されているかどうかなどについての確認が行われます。そして、製造プロセスの有効性についての確認には、一般的にそれほど多くの時間は費やされないのが一般的です。すなわち、適合性の監査が中心となります。

これに対して、ISO/TS 16949認証組織で行われている、タートル図を利用したプロセスアプローチ式監査では、プロセスのインプット、アウトプット、物的資源、人的資源やプロセスの運用方法に関して、規定どおりに実施されたかどうかの確認には、それほど多くの時間をかけず、プロセスの評価指標について、目標・計画が設定されているか、監視・測定されているか、監視・測定結果はどうか、目標や計画を達成したか、途中で目標・計画を達成できそうにないことがわかった場合にどのような処置を取ったか、目標や計画を達成でき

なかった場合に、その原因は何かについての確認に多くの時間を費やします。

その結果、プロセスの目標・計画を達成できなかった場合に、その原因を究明していくことにより、例えば作業方法が適切でなかったから（タートル図の運用方法）、製造設備の管理が適切でなかったから（タートル図の物的資源）、作業者の力量が十分でなかったから（タートル図の人的資源）などの、プロセスの目標・計画を達成できなかった原因を究明することができ、より効果的に、要求事項に対する不適合も発見することができます。

現在一般的に行われている適合性の監査を中心とした部門別監査は、品質保証には役立ちますが、経営にはあまり役立ちません。一方プロセスアプローチ式監査は、プロセスの結果を確認することによって品質マネジメントシステムの有効性と指摘事項の重大性を判断でき、組織のパフォーマンスの改善に寄与し、経営に役立つ監査とすることができます。

従来の部門別の監査方式とプロセスアプローチ式監査方式の比較を図 6.9 に、部門別監査とプロセスアプローチ監査の質問の例を図 6.10 に、プロセスアプローチ式内部監査チェックリストの例を図 6.11 に示します。

［ISO 9001 認証組織の ISO/TS 16949 活用のポイント］

現在、ISO 9001 認証組織の多くで一般的に行われている適合性の監査を中心とした部門別監査は、品質保証には役立ちますが、経営にはあまり役立ちません。一方、ISO/TS 16949 で求められているプロセスアプローチ式監査では、プロセスの実施状況と結果を確認することによって、品質マネジメントシステムの有効性と指摘事項の重大性を判断でき、組織のパフォーマンスの改善に寄与し、経営に役立つ監査とすることができます。

	部門別監査	プロセスアプローチ式監査
監査対象	部門ごとに行われる監査	プロセスに対して行われる監査
監査視点	規格要求事項および業務手順への適合性を確認	適合性よりもプロセスの成果(すなわち有効性)を中心に確認

図 6.9　部門別監査とプロセスアプローチ式監査

部門別監査での質問	プロセスアプローチ式監査での質問
1) あなたの仕事の内容を説明してください。 2) 仕事の手順は決まっていますか？手順書はありますか？ 3) 手順どおりに仕事が行われていますか？ 4) 手順どおりに仕事が行われたことを、どのように確認していますか？ 5) 手順どおりに仕事が行われたという証拠(記録)を見せてください。 6) 手順どおりに仕事が行われなかった場合、どのような処置をとりましたか？	1) プロセスの目標と計画は決まっていますか？ 2) プロセスをどのように実行していますか？ 3) プロセスが計画どおりに実行され、および目標が達成されることは、どのようにしてわかりますか？ 4) プロセスが計画どおりに実行され、目標が達成されましたか？ 5) 目標が達成されそうにないことがわかった場合に、どのような処置をとりましたか？ 6) プロセスの目標と計画は適切でしたか？

図 6.10　部門別監査とプロセスアプローチ監査の質問(例)

内部監査チェックリスト				
監査対象プロセス	製造プロセス		監査日	20XX-XX-XX
プロセスオーナー	製造部長		監査員	監査員A、監査員B
面接者	製造部長他		監査基準	ISO 9001
	確認する文書・記録など		要求事項	監査結果
品質目標	・プロセスの目標 ・部門の目標	・製品の目標	5.4.1	
インプット	・材料・部品 ・製造仕様書 ・加工図面	・保全計画 ・生産計画 ・コスト計画	7.1 7.5.1 7.4.2	
アウトプット	・完成品 ・生産実績記録 ・作業記録	・設備保全記録 ・生産実績 ・コスト実績	7.5.1 7.5.5 8.2.4	
物的資源(設備・システム・情報)	・製造設備 ・生産管理システム ・資材発注システム	・監視機器	6.3 6.4 7.6	
人的資源 (要員・力量)	・資格認定作業者 ・生産管理担当者 ・製造設備使用者	・SPC技法	5.5.1 6.2.2	
運用方法 (手順・技法)	・QC工程表 ・生産管理規定 ・製造管理規定	・検査基準書 ・設備保全規定	7.5.1 7.5.3 8.2.4	
評価指標 ・目標・計画 ・実績 ・改善処置	・生産歩留率 ・工程能力指数 ・直行率 ・段取り替え時間	・リードタイム ・製造コスト ・在庫回転率 ・設備稼働率	8.2.3 8.2.4 8.4 8.5.2	
関連支援プロセス	・製品実現プロセス(受注〜出荷) ・教育訓練プロセス		7.2 6.2	
関連マネジメントプロセス	・方針展開プロセス ・内部監査プロセス		5.3 6.2.2	

図 6.11　内部監査チェックリスト(例)

第7章

◆

コアツールの活用

　ISO/TS 16949 には、品質マネジメントシステムに活用することのできる5つのコアツール(core tool)と呼ばれる技法が、参照マニュアル(レファレンスマニュアル、reference manual)として準備されています。

　本章では、ISO/TS 16949 のコアツールである、APQP(advanced product quality planning、先行製品品質計画)、PPAP(product approval process、製品承認プロセス、またはproduction part approval process、生産部品承認プロセス)、FMEA(failure mode and effects analysis、故障モード影響解析)、SPC(statistical process control、統計的工程管理)、およびMSA(measurement system analysis、測定システム解析)について述べています。

　なお、これらの各コアツールの詳細については、巻末の参考文献4)および参考文献10)を参照してください。

7.1 APQP(先行製品品質計画)

[ISO 9001 の要求事項]

ISO 9001 規格では、製品実現の計画に関して、次のことを求めています。

(ISO 9001)

7.1 製品実現の計画	① 製品実現のために必要なプロセスを計画し構築する。製品実現の計画は、品質マネジメントシステムのその他のプロセスの要求事項と整合がとれたものとする。

[ISO/TS 16949 の要求事項]

ISO/TS 16949 規格では、製品実現の計画に関して、上記の ISO 9001 規格の要求事項に加えて、次のように述べています。

(ISO/TS 16949)

7.1 製品実現の計画	② 製品実現の手段として、プロジェクトマネジメントおよび先行製品品質計画(APQP)がある。 ③ 先行製品品質計画は、不適合の検出よりもむしろ、不適合の予防と継続的改善に重点をおいている。 ④ 先行製品品質計画は、部門横断的アプローチにもとづいて進める。

ISO/TS 16949 では、コアツールとして、APQP(advanced product quality planning、先行製品品質計画)参照マニュアルが準備されています。

[ISO 9001 認証組織への ISO/TS 16949 の活用方法]

ISO 9001 規格では、製品実現の計画に関して、①に述べたように述べていますが、その具体的な内容については述べていません。ISO/TS 16949 規格では、②〜④に述べたように、製品実現の計画に関して、プロジェクトマネジメントまたは先行製品品質計画に従うことを述べています。

プロジェクトマネジメントとは、製品実現の計画に関する一般的な表現

第 7 章　コアツールの活用

で、先行製品品質計画とは、米国のビッグスリー(ゼネラルモーターズ、フォードおよびクライスラー)が、顧客固有の参照マニュアルの先行製品品質計画(APQP)としてまとめた、製品実現の計画と考えるとよいでしょう。

　APQP(先行製品品質計画)は、新製品に関する品質計画に相当するもので、新製品の企画から量産までの製品実現の一貫した段階を対象とし、① APQP の計画、②製品の設計・開発、③製造工程の設計・開発、④製品の設計・開発と製造工程の設計・開発の妥当性確認、および⑤量産・改善の 5 つのフェーズ(段階)で構成されています(図 7.1 参照)。

　フェーズ 1 (APQP の計画のフェーズ)では、部門横断的な APQP チームを編成し、APQP のマスタースケジュールを作成し、次のフェーズである製品の設計・開発のためのインプット情報を準備します。このフェーズのアウトプットの例を、図 7.1 のフェーズ 1 の欄に示します。

　フェーズ 2 (製品の設計・開発のフェーズ)では、設計 FMEA (故障モード影響解析)を実施して製品設計のリスク分析を行い、製品の設計・開発を行い、設計結果に対して設計検証、設計審査を行います。このフェーズの最後の段階で、製造上の問題点などのリスク分析を含めた、製造フィージビリティ(製品実現可能性の検討)を行います。このフェーズのアウトプットの例を、図 7.1 のフェーズ 2 の欄に示します。

　フェーズ 3 (製造工程の設計・開発のフェーズ)では、プロセスフロー図にもとづいて、プロセス FMEA を実施して製造工程設計のリスク分析を行います。そして製品の試作を行い、製造工程設計の結果に対して設計検証、設計審査などを行います。このフェーズのアウトプットの例を、図 7.1 のフェーズ 3 の欄に示します。

　フェーズ 4 (製品の設計・開発と製造工程の設計・開発の両方の妥当性確認のフェーズ)では、量産試作を行って、製品特性評価、測定システム解析、工程能力調査、および量産の妥当性確認試験などの評価を行います。このフェーズの最終段階で、量産コントロールプランを作成し、顧客の承認(製品承認プロセス、PPAP)を得ます。このフェーズのアウトプットの例を、図 7.1 のフェーズ 4 の欄に示します。

　フェーズ 5 (量産・フィードバック・改善のフェーズ)は、APQP の最後の

フェーズで、フェーズ4のアウトプットである量産コントロールプランと作業指示書などに従って量産を行い、製造工程の有効性を評価し、継続的な改善を行います。このフェーズのアウトプットの例を、図7.1のフェーズ5の欄に示します。

　APQPとISO/TS 16949の関係について考えてみましょう。図7.1に示したAPQPのアウトプット項目のほとんどは、ISO/TS 16949規格の要求事項であり、APQPは、ISO/TS 16949に対する追加要求事項というよりも、ISO/TS 16949で要求されている内容を、製品実現プロセスの順序に従って、具体的に実施する方法を述べたものです。ISO/TS 16949の要求事項の順番よりもAPQPの項目の順番の方が、設計・開発の実態にあったもので、わかりやすいといえます。

　一般的な新製品開発計画と比べた場合の、APQPの特徴は次のようになります。
（1）　APQPは5つのフェーズで構成されている、これらの各フェーズは、コンカレントエンジニアリング（同時並行型）で進められる。
（2）　APQPは、各部門の代表者が参加して、部門横断チームで進められる。
（3）　各フェーズに、経営者のレビューが含まれている。
（4）　量産段階のフェーズ5が含まれている。

[ISO 9001 認証組織の ISO/TS 16949 活用のポイント]
　APQPは、新製品に関する品質計画のことで、APQPの計画、製品の設計・開発、製造工程の設計・開発、妥当性確認、および量産・改善の5つのフェーズ（段階）で構成されています。APQPの各アウトプット項目は、ISO/TS 16949で要求されている項目を、製品実現プロセスの順序に従って具体的に実施する方法を述べたもので、ISO 9001認証組織としても参考にすることができます。

第7章 コアツールの活用

フェーズ1 APQP計画	フェーズ2 製品設計開発	フェーズ3 工程設計開発	フェーズ4 妥当性確認	フェーズ5 量産・改善
・APQPマスタースケジュール* ・顧客要求事項 ・製品の機能・性能目標 ・製品の品質・信頼性の目標 ・予定材料リスト ・プロセスフロー計画 ・製品の特殊特性 ・製造工程の特殊特性計画 ・APQP計画書 ・経営者レビュー	・設計FMEA* ・製造容易性検討 ・製品の試作 ・設計検証 ・設計審査 ・製品図面 ・製品仕様書 ・材料仕様書 ・新規設備・治工具・施設条件 ・製品特殊特性 ・工程特殊特性 ・試作コントロールプラン ・測定・試験装置の計画 ・製造フィージビリティ検討 ・経営者レビュー	・製造工程フロー図 ・製造工程レイアウト図 ・特性マトリクス ・工程FMEA* ・製品の試作 ・工程設計検証 ・工程設計審査 ・量産試作コントロールプラン ・作業指示書 ・測定システム解析計画 ・工程能力調査計画 ・梱包仕様 ・経営者レビュー	・量産試作 ・製品特性評価 ・測定システム解析(MSA)* ・工程能力調査(SPC)* ・妥当性確認試験 ・梱包評価 ・量産コントロールプラン ・製品提出保証書(PSW) ・顧客の製品承認(PPAP)* ・先行製品品質計画総括 ・経営者レビュー	・製造・引渡し・サービス提供 ・顧客満足度の維持・改善 ・製造工程パフォーマンスの改善(製造工程変動の縮小) ・供給者パフォーマンスの改善

図7.1 APQPのフェーズとアウトプット

[備考] *印は、ISO/TS 16949で準備されている5つのコアツールを示す。

7.2 PPAP(製品承認プロセス)

[ISO 9001 の要求事項]
　この項目に関する ISO 9001 規格の要求事項はありません。

[ISO/TS 16949 の要求事項]
　ISO/TS 16949 では、製品承認プロセスすなわち量産品に対する顧客の承認手順に関して、次のように述べています。

(ISO/TS 16949)

7.3.6.3 製品承認プロセス	①　顧客の承認手順(製品承認プロセス、PPAP)に適合する。 ②　この要求事項は、製品と製造工程の両方に適用する。 ③　この要求事項は、購買製品と供給者の製造工程にも適用する。

　ISO/TS 16949 では、コアツールとして、PPAP(product approval process、製品承認プロセス、または production part approval process、生産部品承認プロセス)参照マニュアルが準備されています。

[ISO 9001 認証組織への ISO/TS 16949 の活用方法]
　PPAP(製品承認プロセス)とは、量産品に対する顧客の承認取得手順のことです。ISO/TS 16949 では、①～③に述べたように、製品と製造工程の両方に対して、また購買製品と供給者の製造工程に対しても、顧客承認の手順に適合することを求めています。
　PPAP の各要求事項のそれぞれに対して、次の 3 つの区分があります。
　(1)　顧客の承認のために、顧客への提出が必要なもの。
　(2)　顧客の要請があれば、顧客への提出が必要なもの。
　(3)　要請があれば顧客が利用できるように、保管することが必要なもの。
　顧客の承認対象、承認方法および承認時期などの顧客の承認プロセスの概要を図 7.2 に、顧客の承認が必要な場合と顧客への通知が必要な場合の区別を図

7.3 に、PPAP 要求事項の項目と顧客の承認レベルの関係を図7.4 に示します。

図7.4 に示した顧客の承認レベル 1 ～ 5 のうちのいずれを適用するかは、顧客にとっての製品の重要性を考慮して、顧客によって指定されます。この図から、A(顧客の承認が必要)がもっとも厳しく、C(保管しておけばよい)がもっとも緩いことがわかります。顧客からの指定がない場合は、もっとも厳しいレベル 3 を標準レベルとして適用することになっています。

顧客の PPAP 承認を取得する際には、製品(部品)提出保証書(part submission warrant、PSW)に、図7.4 に示したその他の必要なものを添付して顧客に提出します。製品提出保証書、外観承認報告書(appearance approval report、AAR)などの承認のための標準様式は、PPAP 参照マニュアルに含まれています。

ISO 9001 では、顧客に提出・承認が要求される文書として、製品図面、仕様書、QC 工程表などが含まれることがありますが、ISO/TS 16949 の PPAP では、これらに加えて、設計 FMEA、プロセス FMEA、測定システム解析結果および工程能力調査結果などの、製品と製造工程の設計・開発のアウトプットも提出または承認が求められており、より充実した内容になっています。

区分	項目	
承認対象	製品および製造工程	
	供給者(購買製品、供給者の製造工程)	
承認方法	顧客の製品承認手順(PPAP など)	
承認時期	量産品の出荷前	
	変更時	・製品の変更 ・製造工程の変更 ・供給者の変更(購買製品、製造工程)

図 7.2　顧客の製品承認プロセス

[ISO 9001 認証組織の ISO/TS 16949 活用のポイント]

　顧客に提出・承認が要求される文書として、製品図面、仕様書、QC 工程表など以外に、ISO/TS 16949 で求められている設計 FMEA、プロセス FMEA などの、製品と製造工程の設計・開発のアウトプットも含めることは、ISO 9001 にとっても参考となるでしょう。

区　分	対　象
顧客の承認が必要な場合 （量産開始前に、PPAP を提出して顧客の承認が必要）	・新しい製品 ・製品不具合の是正 ・設計文書・仕様書・材料の技術的変更
顧客への通知が必要な場合 （変更内容を顧客へ通知し、顧客の承認を得て、生産に適用後、PPAP を提出）	・製品の構造、部品・材料の変更 ・治工具の変更、治工具・生産設備の改造 ・製造工程の変更 ・異なる生産事業所への生産設備の移設 ・供給者の材料・サービスプロセス（熱処理、メッキなど）の変更 ・12 ヶ月間以上未使用の治工具による製造 ・検査・試験方法の変更など

図 7.3　顧客の承認が必要な場合と顧客への通知が必要な場合

区分	項目 / 顧客承認レベル	レベル1	レベル2	レベル3	レベル4	レベル5
製品設計・開発関連	製品設計文書(変更を含む)	C	A	A	B	C
	顧客承認文書	C	C	A	B	C
	設計FMEA	C	C	A	B	C
製造工程設計・開発関連	製造工程フロー図	C	C	A	B	C
	プロセスFMEA	C	C	A	B	C
	コントロールプラン	C	C	A	B	C
妥当性確認関連	試験所適合文書	C	A	A	B	C
	測定システム解析結果	C	C	A	B	C
	寸法検査・機能試験結果	C	A	A	B	C
	工程能力調査結果	C	C	A	B	C
サンプル関連	顧客評価サンプル	C	A	A	B	C
	標準サンプル	C	C	C	B	C
	検査治工具	C	C	C	B	C
保証書関連	顧客固有要求事項適合記録	C	C	A	B	C
	外観承認報告書(AAR)	A	A	A	B	C
	製品提出保証書(PSW)	A	A	A	A	C
その他	バルク材料チェックリスト	A	A	A	A	C

[備考] A：顧客の承認が必要
　　　 B：顧客の要請があれば承認が必要
　　　 C：顧客が利用できるように保管が必要
　　　・顧客の指定がない場合は、レベル3を標準レベルとして適用する

図7.4　PPAP要求事項と顧客承認レベル

7.3 FMEA(故障モード影響解析)

[ISO 9001 の要求事項]
この項目に関する ISO 9001 規格の要求事項はありません。

[ISO/TS 16949 の要求事項]
ISO/TS 16949 規格では、FMEA に関して次のように述べています。

(ISO/TS 16949)

7.3.3.1 製品設計のアウトプット	① 製品設計のアウトプットには、次の事項が含まれる。 …設計 FMEA
7.3.3.2 製造工程設計のアウトプット	② 製造工程設計のアウトプットには、次の事項が含まれる。 …製造工程 FMEA

ISO/TS 16949 では、コアツールとして、FMEA(failure mode and effects analysis、故障モード影響解析)参照マニュアルが準備されています。

[ISO 9001 認証組織への ISO/TS 16949 の活用方法]
　FMEA(故障モード影響解析)は、製品や製造工程において発生する可能性のある潜在的に存在する故障を、あらかじめ予測して実際に故障が発生する前に、故障の発生を予防(あるいは故障が発生する可能性を減少)させるための解析手法です。FMEA は部門横断チームで行います。
　FMEA の目的、種類、顧客および実施時期を図 7.5 に、FMEA の様式例と実施のステップを図 7.6 に示します。FMEA 参照マニュアルでは、設計 FMEA は、製品の構成図(ブロック図)をもとに、またプロセス FMEA はプロセスフロー図をもとに作成することを述べています(図 7.7、図 7.8、図 7.9 参照)。設計 FMEA の実施例を図 7.13 に、プロセス FMEA の実施例を図 7.14 に示します。

改善処置を行う故障モードの優先順位づけの方法は、危険度(リスク優先数、risk priority number、RPN)の値が高い故障モードに対して優先的に改善処置をとるのが一般的ですが、ISO/TS 16949 では、リスク低減の優先順位は、影響度(S)、発生度(O)、検出度(D)の順となります。

ISO/TS 16949 における、設計 FMEA の影響度(S)、発生度(O)および検出度(D)の評価基準の例を図 7.10、図 7.11 および図 7.12 に示します。プロセス FMEA の評価基準については、巻末の参考文献 10)を参照ください。

項　目	内　容
FMEA の目的	1) 製品または製造工程における、潜在的な故障モードと顧客への影響を検討する。 2) 潜在的故障モードに対する故障リスク低減のための改善処置の優先順位を検討して、実施する。
FMEA の種類	1) 設計 FMEA(製品設計の FMEA) 2) プロセス FMEA(製造工程の FMEA)
FMEA の顧客	1) エンドユーザ：自動車の購入者または使用者 2) 直接顧客：自動車メーカーまたは製品の購入者 3) サプライチェーン：次工程および供給者 4) 法規制：安全および環境に関する法規制
FMEA の実施時期	1) 新規設計の場合(新製品、新技術および新規製造工程の設計・開発) 2) 設計変更の場合(製品設計または製造工程の変更) 3) 製品の使用環境が変わった場合

図 7.5　FMEA の目的、種類、顧客および実施時期

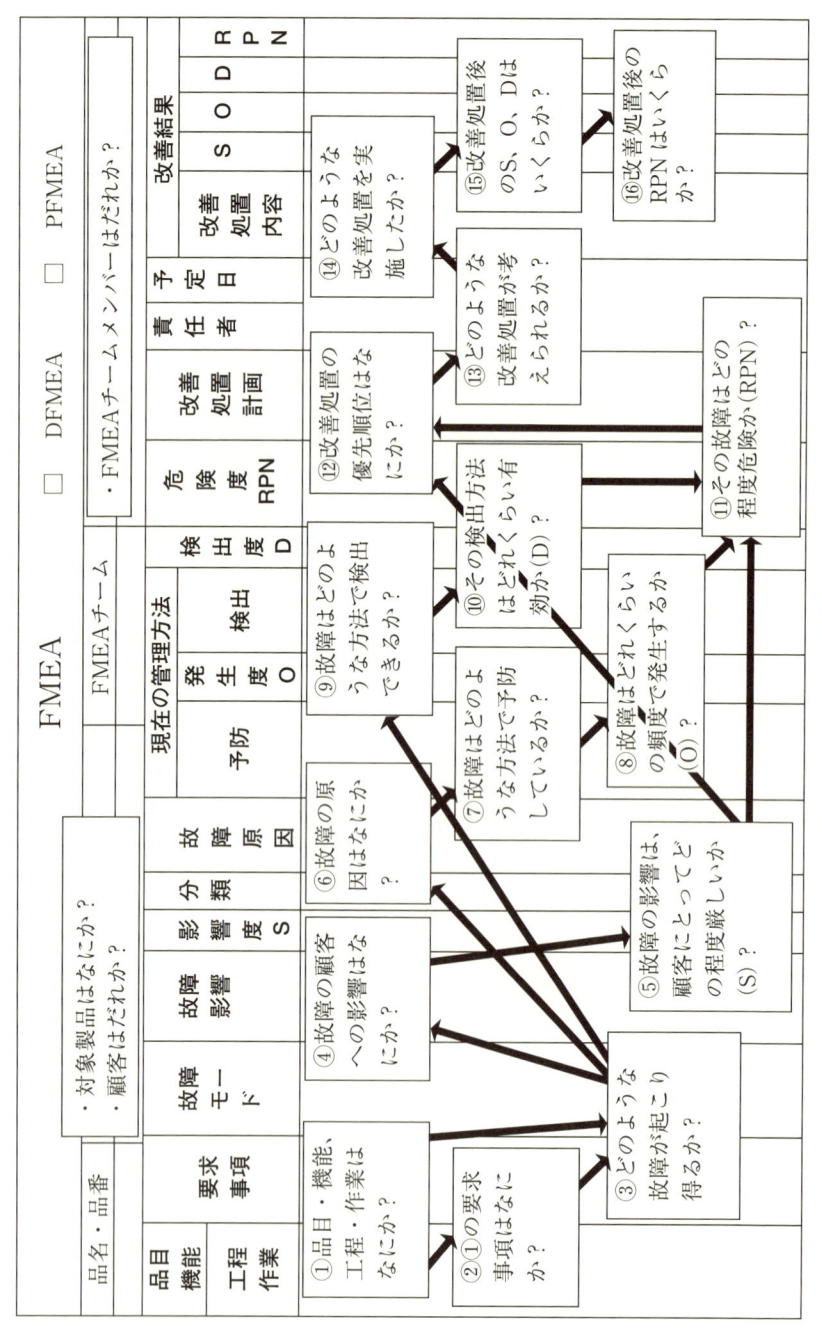

図 7.6 FMEA 実施のステップ

第7章　コアツールの活用

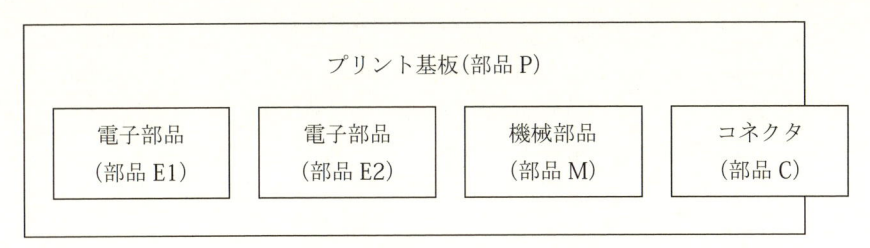

```
┌─────────────────────────────────────────────────────────┐
│                 プリント基板(部品 P)                      │
│  ┌────────┐  ┌────────┐  ┌────────┐  ┌────────┐        │
│  │ 電子部品 │  │ 電子部品 │  │ 機械部品 │  │ コネクタ │        │
│  │(部品 E1)│  │(部品 E2)│  │(部品 M) │  │(部品 C) │        │
│  └────────┘  └────────┘  └────────┘  └────────┘        │
└─────────────────────────────────────────────────────────┘
```

図 7.7　電子基板アセンブリの構造図(例)

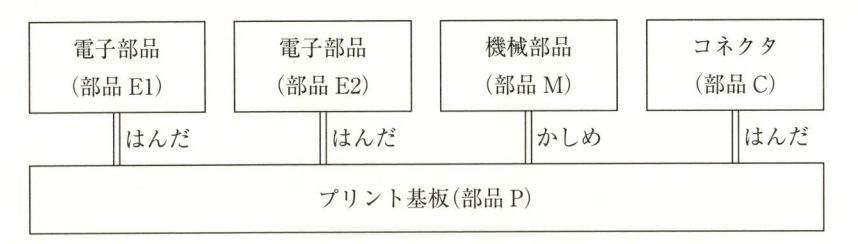

```
┌────────┐  ┌────────┐  ┌────────┐  ┌────────┐
│ 電子部品 │  │ 電子部品 │  │ 機械部品 │  │ コネクタ │
│(部品 E1)│  │(部品 E2)│  │(部品 M) │  │(部品 C) │
└───┬────┘  └───┬────┘  └───┬────┘  └───┬────┘
   はんだ      はんだ      かしめ      はんだ
┌───┴──────────┴──────────┴──────────┴─────┐
│            プリント基板(部品 P)             │
└──────────────────────────────────────────┘
```

図 7.8　電子基板アセンブリの構成図(ブロック図)(例)

	工程ステップ	主要設備・治工具
1	プリント基板への電子部品(E1、E2)搭載	マウンター(搭載機)
2	はんだリフロー(自動はんだ付け)	リフロー炉
3	プリント基板への機械部品(M)搭載	マウンター
4	かしめ	かしめ機(ロボット)
5	プリント基板へのコネクタ(C)搭載	ピンセット
6	はんだ付け	半田ごて
7	外観検査	外観検査員
8	特性試験	テスター
9	包装・バーコードラベル貼付・出荷	包装紙、ラベル

図 7.9　電子基板アセンブリのプロセスフロー図(例)

影響度	故障の顧客への影響の程度		ランク
安全性に影響、法規制に違反する	車の安全性に影響する法規制に違反する	事前に警告なし	10
		事前に警告あり	9
車の主機能に影響を及ぼす	車の主機能が動作不能となる		8
	車の主機能が劣化する		7
車の機能に影響を及ぼす	車の機能が動作不能となり、快適性が悪化する		6
	車の機能が劣化し、快適性が低下する		5
顧客が故障に気づく	ノイズが発生する	多くの顧客(＞75%)が故障に気づく	4
		半数の顧客が故障に気づく	3
		少数の顧客(＜25%)が故障に気づく	2
顧客への影響なし	顧客は故障に気がつかない		1

図 7.10　設計 FMEA の影響度(厳しさ、S)の評価基準

発生度	故障発生の程度	工程性能指数 P_{pk}	ランク
非常に高い(故障が継続する)	≧ 100/1000 個	≦ 0.55	10
高い(故障が頻繁に発生する)	≒ 50/1000 個	≒ 0.65	9
	≒ 20/1000 個	≒ 0.78	8
	≒ 10/1000 個	≒ 0.86	7
中程度(故障がときどき発生する)	≒ 2/1000 個	≒ 1.0	6
	≒ 0.5/1000 個	≒ 1.2	5
	≒ 0.1/1000 個	≒ 1.3	4
低い(故障は比較的少ない)	≒ 0.01/1000 個	≒ 1.5	3
	≒ 0.001/1000 個	≒ 1.6	2
非常に低い(故障しない)	予防管理により故障は発生しない		1

図 7.11　設計 FMEA の発生度(O)の評価基準

[ISO 9001 認証組織の ISO/TS 16949 活用のポイント]

　ISO/TS 16949 の要求事項となっている FMEA は、製品や製造工程において発生する可能性のある潜在的に存在する故障のリスクを、製品の設計・開発や製造工程の設計・開発段階で予測し、リスクを低減する技法です。設計・開発段階で FMEA を実施することによって、量産後のリスクを低減することができ、ISO 9001 認証組織にとっても有効なツールといえるでしょう。

検出度	故障の検出の程度		ランク
故障は検出不可能である	現在の設計管理では検出不可能である		10
故障は設計段階で検出できそうにない	設計管理で検出できる可能性は低い CAE、FEA などの仮想分析(バーチャルアナリシス)が実際の動作条件に対応していない		9
故障は設計完了後、顧客に引渡される前に検出できる	設計検証・妥当性確認が行われている	合否テストを実施している	8
		耐久性試験を実施している	7
		劣化試験を実施している	6
故障は設計完了前に検出できる	信頼性試験などが行われている	合否テストを実施している	5
		耐久性試験を実施している	4
		劣化試験を実施している	3
仮想分析が実施されている	設計管理が十分な検出能力を持っている CAE、FEA などの仮想分析が、実際の動作条件に対応している		2
予防管理が実施されている	設計段階で完全な予防管理が行われている 故障とその原因が発生する可能性はない		1

図 7.12　設計 FMEA の検出度(D)の評価基準

品目 機能	要求 事項	故障 モード	故障 影響	S	故障原因	現在の管理方法 予防	現在の管理方法 O	現在の管理方法 検出	現在の管理方法 D	危険度 RPN	改善 処置
プリント基板 部品 P	製品図面 XX	配線断線	動作不能	6	エッチング過剰		4	設計検証	6	144	
		配線ショート	動作不能	6	エッチング不足		4	設計検証	6	144	
電子部品 部品 E1	特性規格 XX	特性不良	誤動作	6	工程能力不足	C_{pk}管理	2	妥当性試験	6	72	
	信頼性規格 XX	信頼性不良	市場不良	8	工程不安定		4	信頼性試験	4	128	
機械部品 部品 M	特性規格 XX	強度不良	破損	8	熱処理異常	予知保全	2		8	128	
	図面 XX	寸法不良	取付不可	5	加工機不具合	管理図管理	2	寸法検査	6	60	
...											
部品 E1 一部 品 P 接合	組立図 XX	接合不良	動作不能	6	マウント不良		6	特性試験	6	216	
		配線ショート	動作不能	6	リフロー不良		6	外観検査	6	216	
部品 M 一部 品 P 接合	組立図 XX	接合不良	動作不能	6	マウント不良		6	特性試験	6	216	
		接合不安定	動作不安定	5	かしめ不良	C_{pk}管理	2	妥当性試験	8	80	
...											

図 7.13 設計 FMEA の実施例

第7章 コアツールの活用

品目 機能	要求事項	故障モード	故障影響	S	故障原因	現在の管理方法 予防	現在の管理方法 O	現在の管理方法 検出	現在の管理方法 D	危険度 RPN	改善処置
部品受入											
電子部品 E1, E2 搭載	部品リスト XX	搭載もれ	動作不能	6	マウンター誤動作		6	特性試験 外観検査	2	72	
	組立図 XX	位置ずれ	取付不可	6	マウンター不安定		6	特性試験 外観検査	2	72	
はんだ リフロー	リフロー規格	半田未溶融	動作不能	6	炉温度不良	管理図管理	4	特性試験 外観検査	2	48	
	リフロー規格	位置ずれ	動作不能	6	スピード不良		4	特性試験 外観検査	2	48	
機械部品 M 搭載	部品リスト XX	搭載もれ	動作不能	6	マウンター誤動作	予知保全	6	特性試験 外観検査	2	72	
	組立図 XX	位置ずれ	取付不可	6	マウンター不安定		6	特性試験 外観検査	2	72	
かしめ	かしめ強度規格 XX	取付不可	動作不能	6	かしめ機動作不良		4	特性試験 外観検査	2	48	
		強度不足	信頼性不良	8	かしめ温度不良	C_{pk} 管理	2		8	128	
...											
特性試験	特性規格 XX	不良品流出	動作不能	6	試験装置誤動作		4	始業点検	4	96	
				6	試験装置校正不良		2	定期校正 始業点検	4	48	
...											

図 7.14 プロセス FMEA の実施例

7.4 SPC（統計的工程管理）

[ISO 9001 の要求事項]

　ISO 9001 規格では、統計的手法（statistical technique）に関して、次のことを求めています。

(ISO 9001)

8.1 測定、分析および 改善／一般	① 必要な監視、測定、分析および改善のプロセスを計画し、実施する。 ② これには、統計的手法を含め、適用可能な方法、および使用の程度を決定することを含める。

[ISO/TS 16949 の要求事項]

　ISO/TS 16949 規格では、統計的手法に関して、上記の ISO 9001 規格の要求事項に加えて、次のように述べています。

(ISO/TS 16949)

8.1.1 統計的ツールの明 確化	③ 品質マネジメントシステムの各プロセスで用いる統計的ツールは、先行製品品質計画実施時に決定し、コントロールプランに含める。
8.1.2 基本的統計概念	④ 次のような統計的手法を理解し、利用する。 ・バラツキ、安定性、工程能力…など
8.2.3.1 製造工程の監視お よび測定	⑤ 新しい製造工程に関して、工程能力調査を実施する。 ⑥ 顧客の製品承認プロセス（PPAP）で要求された、工程能力・パフォーマンスを維持する。 ⑦ 不安定または能力不足の特性に対して、コントロールプランで規定された対応計画を実施する。

　ISO/TS 16949 では、コアツール（core tool、技法）として、SPC（statistical process control、統計的工程管理）参照マニュアルが準備されています。

第7章 コアツールの活用

[ISO 9001 認証組織への ISO/TS 16949 の活用方法]

　ISO 9001 規格では、①および②に述べたように、統計的手法を利用する目的について述べていますが、その具体的な方法については述べていません。ISO/TS 16949 規格では、③〜⑦に述べたように、統計的手法の具体的な使い方について述べています。SPC 手法の中でよく使われているものには、工程が安定しているかどうか、すなわち統計的に管理状態にあるかどうかを判断するための管理図(control chart)と、工程が規格値を満たす能力があるかどうかを判断するための工程能力指数があります。

　＜管理図について＞

　$\bar{X} - R$ 管理図の例を図 7.16 に示します。ここで、UCL(上方管理限界線)および LCL(下方管理限界線)は、工程が安定しているかどうかを判断するための基準を示すもので、それぞれ次の式で表されます。

$$UCL = \bar{\bar{X}} + 3\sigma, \quad LCL = \bar{\bar{X}} - 3\sigma$$

　　　(ここで X：測定値、σ：標準偏差)

　工程変動の特別原因が存在する場合、$\bar{X} - R$ 管理図は特徴のある変動のパターン(推移)を示します。特別原因による工程変動が存在する可能性が高いと判定する異常判定ルールとその例を、図 7.15 および図 7.16 に示します。

　なお、管理図の異常判定ルールには、図 7.24(p.154)に示す JIS 規格の基準(JIS Z 9021)もあります。ISO 9001 認証組織は、利用するとよいでしょう。また種々の管理図の例を図 7.17 に示します。

　＜工程能力指数について＞

　製造工程が製品規格を満たす程度を工程能力といい、工程能力指数(process capability index、C_p または C_{pk})と工程性能指数(process performance index、P_p または P_{pk})があります。工程能力指数は、安定した状態にある製造工程のアウトプット(製品)が、製品規格を満足させる能力を表し、製造工程が安定している量産時の工程能力の維持・改善に使用されます。また工程性能指数は、ある製造工程のアウトプットが、規格を満足する能力を表し、工程が安定しているかどうかわからない、新製品や工程変更を行った場合などに利用されます。

　製品特性データの中心値を考慮しない場合の、製品規格に対する工程変動の指数を C_p または P_p で表し、製品特性データの中心値と製品規格の中心値との

関係を考慮した場合の工程能力を C_{pk} または P_{pk} で表します。工程能力指数および工程性能指数の算出式を図 7.18 に示します。なお、一般的に言われている工程能力指数は、ISO/TS 16949 の工程性能指数に相当します。

工程能力指数と製品の不良率との関係を図 7.19 に示します。ISO/TS 16949 で要求されている工程能力指数 C_{pk} 1.67 は、不良率 0.57ppm(ppm は百万分の 1)に相当します。

[ISO 9001 認証組織の ISO/TS 16949 活用のポイント]

ISO/TS 16949 で利用されている、管理図や工程能力指数などの SPC 技法は、統計的に安定し、かつ能力のある製造工程とするために不可欠の技法であり、ISO 9001 認証組織にとっても有効な技法です。

分類	ルール
管理限界を超える点がある	1) 管理限界の外側(UCL の上側または LCL の下側)に点がある。
連(点のつながり)が、特徴のあるパターンを示す	2) 中心線の片側に、連続して 7 つの点がある。
	3) 連続して増加または減少する 7 つの点がある。
描いた点の中心線からの距離の分布が異常を示す	4) 管理限界幅の中央 1/3 の範囲内の点が、2/3 よりもはるかに多い(90% 以上など)。
	5) 管理限界幅の中央 1/3 の範囲内の点が、2/3 よりもはるかに少ない(40% 以下など)。

図 7.15　管理図における異常判定ルール

第 7 章　コアツールの活用

$\bar{X}$ 管理図

1) 管理限界(UCL)を超えている
$\bar{\bar{X}} + 3\sigma = \text{UCL}$
$\bar{\bar{X}} = \text{CL}$
3) 連続して7点が増加傾向にある
$\bar{\bar{X}} - 3\sigma = \text{LCL}$
1) 管理限界(LCL)を超えている
2) 連続して7点が中心線の片側にある
1) 管理限界(UCL)を超えている

R 管理図

$\bar{R} + 3\sigma = \text{UCL}$
$\bar{R} = \text{CL}$
2) 連続して7点が中心線の片側にある
$\bar{R} - 3\sigma = \text{LCL}$

$\bar{X}$ 管理図

4) 管理限界幅の中央1/3の範囲内の点が、25点中23点(92%)と、2/3よりもはるかに多い
$\bar{\bar{X}} + 3\sigma = \text{UCL}$
$\bar{\bar{X}} + 2\sigma$
$\bar{\bar{X}} + \sigma$
$\bar{\bar{X}} = \text{CL}$
$\bar{\bar{X}} - \sigma$
$\bar{\bar{X}} - 2\sigma$
$\bar{\bar{X}} - 3\sigma = \text{LCL}$

R 管理図

5) 管理限界幅の中央1/3の範囲内の点が、25点中9点(36%)と、2/3よりもはるかに少ない
$\bar{R} + 3\sigma = \text{UCL}$
$\bar{R} + 2\sigma$
$\bar{R} + \sigma$
$\bar{R} = \text{CL}$
$\bar{R} - \sigma$
$\bar{R} - 2\sigma$
$\bar{R} - 3\sigma = \text{LCL}$

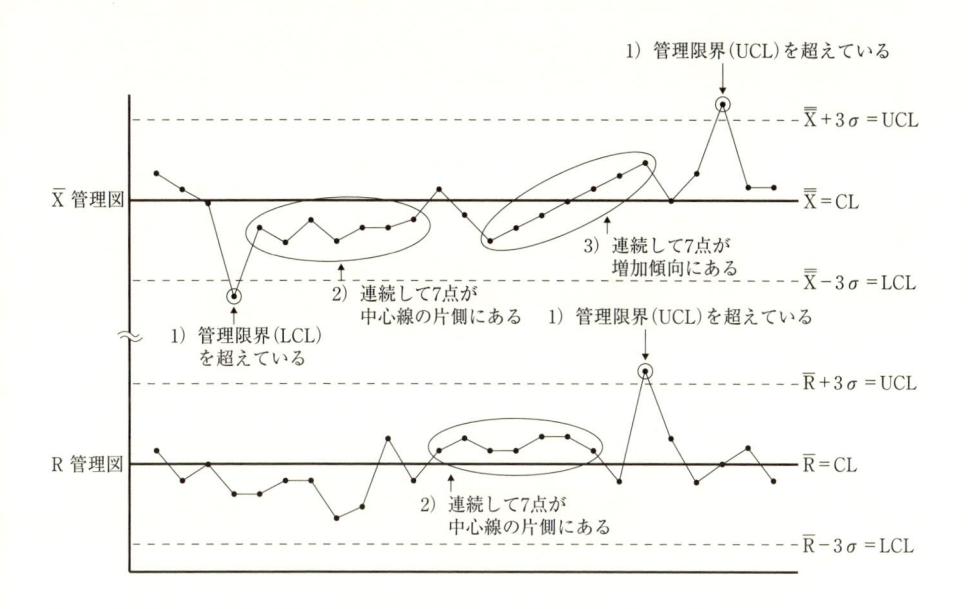

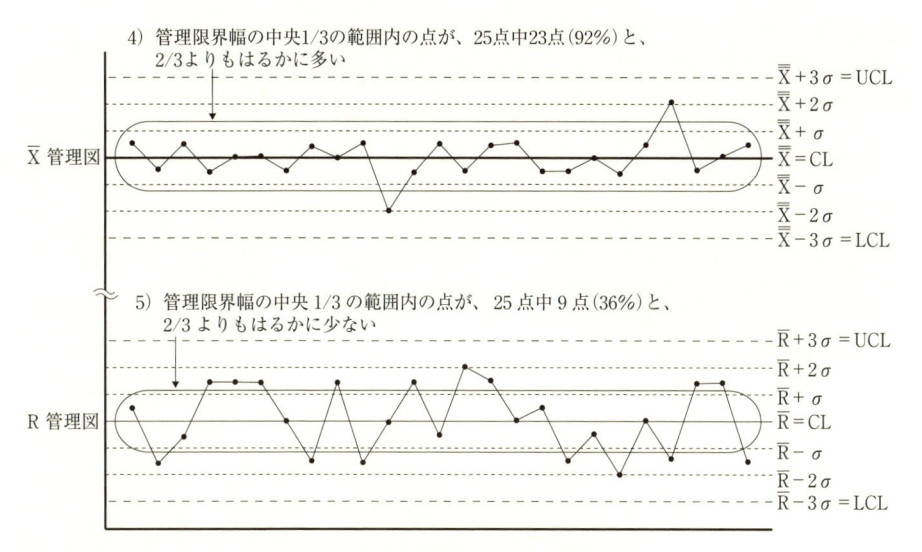

図 7.16　$\bar{X}$ － R 管理図と異常判定のルール

管理図の種類	用途・特徴	適用例
計量値の管理図 — 平均値－範囲管理図（$\overline{X}$ － R 管理図）	・もっとも一般的な管理図 ・サンプル数 n ≦ 8 の場合に有効	・製品の外径寸法（mm） ・電気回路の抵抗値（Ω）
計量値の管理図 — 平均値－標準偏差管理図（$\overline{X}$ － s 管理図）	・感度は $\overline{X}$ － R 管理図より勝る ・サンプル数 n ≧ 9 の場合に有効 ・標準偏差 s の計算が必要	
計量値の管理図 — 測定値－移動範囲管理図（X－MR 管理図）	・MR は移動範囲で、2 つ以上の連続したサンプルにおける最大値と最小値の差を表す ・サンプル数が均一または 1 個の場合に適用	・メッキ液の酸濃度（%） ・室内温度（℃）
計数値の管理図 — 不適合品率管理図（p 管理図）	・不良率 p を管理 ・サンプル数が変動する場合に適用	・半導体製品の歩留り（%）
計数値の管理図 — 不適合品数管理図（np 管理図）	・不良個数 np を管理 ・サンプル数が一定の場合に適用	・出荷検査不合格数
計数値の管理図 — 単位当たり不適合数管理図（u 管理図）	・単位あたりの不良数 u を管理 ・サンプル数が変化する場合に適用	・自動車ドアの塗装不完全数
計数値の管理図 — 不適合数管理図（c 管理図）	・製品 1 個あたりの不良数 c を管理 ・サンプル数が一定の場合に適用	・半導体ウェーハの不良チップ数

図 7.17　種々の管理図

第7章 コアツールの活用

項　目		算出式
工程能力指数	C_p	$C_p = \dfrac{USL - LSL}{6\sigma}$　（ここで$\sigma = \overline{R}/d_2$）
	C_{pk}	$C_{pu} = \dfrac{USL - \overline{\overline{X}}}{3\sigma}$ と $C_{pl} = \dfrac{\overline{\overline{X}} - LSL}{3\sigma}$ の小さい方
工程性能指数	P_p	$P_p = \dfrac{USL - LSL}{6s}$　（ここで$s = \sqrt{\sum \dfrac{(X-\overline{\overline{X}})^2}{n-1}}$）
	P_{pk}	$P_{pu} = \dfrac{USL - \overline{\overline{X}}}{3s}$ と $P_{pl} = \dfrac{\overline{\overline{X}} - LSL}{3s}$ の小さい方

［備考］
・$\overline{R}$：サブグループ内サンプルデータの範囲の平均値、d_2：定数
・X：各サンプルのデータ、$\overline{X}$：Xの平均値、$\overline{\overline{X}}$：Xの総平均値
・σ：サブグループ内変動標準偏差、s：全工程変動標準偏差
・n：サンプル数、USL：上方規格限界、LSL：下方規格限界

図 7.18　工程能力指数と工程性能指数の算出式

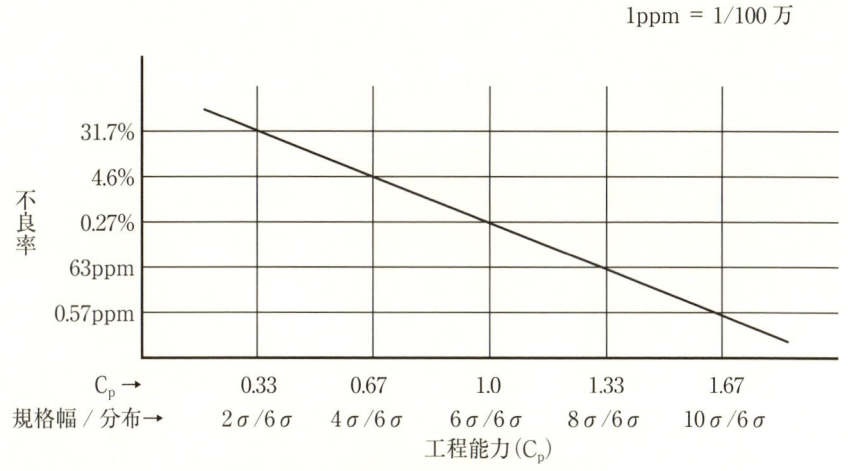

1ppm ＝ 1/100 万

$C_p →$	0.33	0.67	1.0	1.33	1.67
規格幅／分布→	$2\sigma/6\sigma$	$4\sigma/6\sigma$	$6\sigma/6\sigma$	$8\sigma/6\sigma$	$10\sigma/6\sigma$

不良率：31.7%、4.6%、0.27%、63ppm、0.57ppm

工程能力（C_p）

図 7.19　工程能力と不良率の関係

7.5 MSA（測定システム解析）

[ISO 9001 の要求事項]
この項目に対する ISO 9001 規格の要求事項はありません。

[ISO/TS 16949 の要求事項]
ISO/TS 16949 規格では、測定システム解析（MSA）について、次のように述べています。

(ISO/TS 16949)

7.6.1 測定システム解析	① 測定結果に含まれるバラツキ（変動）を解析するために、統計的調査（測定システム解析）を実施する。 ② 測定システム解析は、コントロールプランに記されている測定システムに対して実施する。 ③ 測定システム解析の方法と合否判定基準は、MSA 参照マニュアルに従う。

ISO/TS 16949 では、コアツールとして、MSA（measurement system analysis、測定システム解析）参照マニュアルが準備されています。

[ISO 9001 認証組織への ISO/TS 16949 の活用方法]
なぜ測定システム解析が必要なのかを考えてみましょう。測定結果は正しいものと考えられがちですが、実は測定データには、製造工程の変動に起因する製品のバラツキと、測定機を含む測定システムの誤差が含まれています。

測定器、測定者、測定環境などの測定システムの要因によって、測定データに変動（バラツキ）が出ます。したがって、測定システム全体としての変動がどの程度存在するのかを調査し、製品やプロセスの特性の測定に適しているかどうかを判定することが必要となります。この測定システム全体の変動を統計的に評価する方法が測定システム解析です。①〜③は、このことを述べています（図 7.20 参照）。

ISO/TS 16949 で用いられている MSA の手法の一つに、測定システム

の変動のうち繰返し性(repeatability)と再現性(reproducibility)を組み合わせた、繰返し性・再現性(ゲージ R&R、GRR、gage repeatability and reproducibility)という評価方法があります(図7.21参照)。繰返し性は、一人の測定者が、同一製品の同一特性を、同じ測定器を使って、数回測定したときの測定値の変動(幅)で、測定装置による変動に起因する点が大きいことから、装置変動 EV(equipment variation)ともいわれます。また再現性は、異なる測定者が、同一製品の同一特性を、同じ測定器を使って、数回測定したときの、各測定者ごとの平均値の変動で、測定者による変動に起因する点が大きいことから、測定者変動 AV(appraiser variation)ともいわれます。

　製品特性の測定結果の変動(全変動、TV、total variation)は、製品特性の実際の変動(製品変動、PV、part variation)と、測定システムの変動(繰返し性・再現性、GRR)を加えた結果となり、次の式で表されます(図7.22参照)。

$$TV^2 = PV^2 + GRR^2$$

　繰返し性・再現性評価の判定基準としては、繰返し性・再現性の変動(GRR)を、測定結果の変動(TV)で割った、%GRR が使用されます。

$$\%GRR = 100 \times GRR/TV = 100 \times GRR/\sqrt{PV^2 + GRR^2}$$

ISO/TS 16949 では、**%GRR は 10% 未満、すなわち測定システムの変動が測定結果の変動の 10 分の 1 以下**であることを求めています。

　GRR 評価結果の例を図7.23に示します。ここでは、簡単にするため、サンプル数 $n = 5$、測定者数 $m = 2$、測定回数 $r = 2$ としていますが、ISO/TS 16949 では、それぞれ $n = 10$、$m = 3$、$r = 3$ 以上を推奨しています。

[ISO 9001 認証組織の ISO/TS 16949 活用のポイント]

　MSA 参照マニュアルでは、ISO/TS 16949 でよく利用される繰返し性・再現性(GRR)の評価方法をはじめ、種々の MSA 技法について解説しています。

　測定器の校正だけでなく、測定方法、測定者の力量、測定環境などを含めた、測定システム全体の能力を評価することは、ISO 9001 認証組織としても有効なことです。

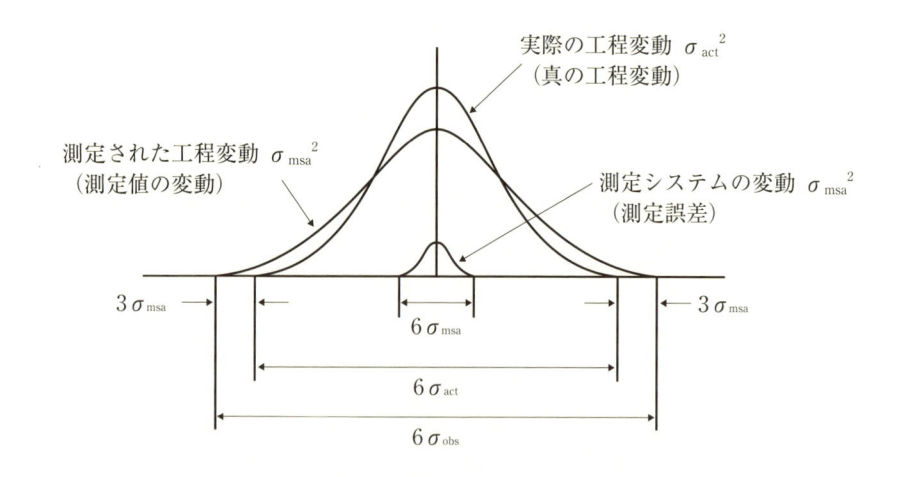

図 7.20　測定システム変動の工程評価への影響

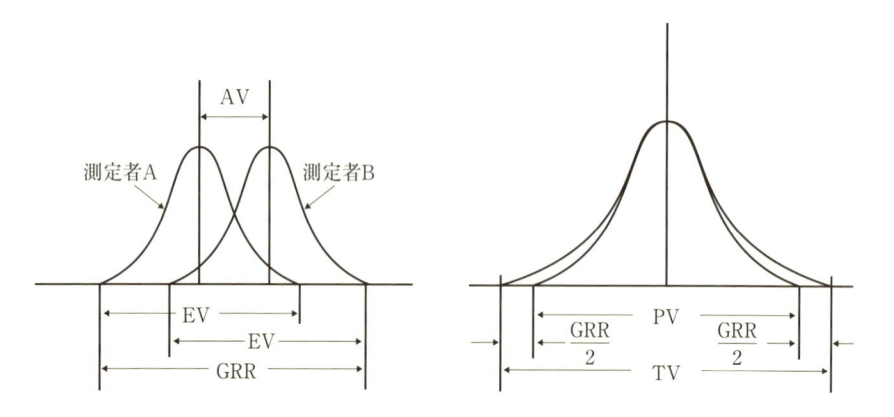

図 7.21　繰返し性（EV）、再現性（AV）およびGRR

図 7.22　製品変動（PV）、全変動（TV）およびGRR

GRR 評価報告書

特性	XXXX		規格	100.00 ± 1.00 mm			
サンプル数	n = 5		測定者数	m = 2		測定回数 r = 2	

測定者	測定回数	サンプル					測定者 平均値 X_m	
		1	2	3	4	5		
A	1	0.50	0.40	2.20	−0.50	−1.30		
	2	0.55	0.50	2.25	−0.60	−1.35		
	平均	0.525	0.450	2.225	−0.550	−1.325	0.265	$\overline{X_a}$
	範囲	0.05	0.10	0.05	0.10	0.05	0.070	$\overline{R_a}$
B	1	0.55	0.45	2.25	−0.45	−1.25		
	2	0.60	0.55	2.30	−0.55	−1.30		
	平均	0.575	0.500	2.275	−0.500	−1.275	0.315	$\overline{X_b}$
	範囲	0.05	0.10	0.05	0.10	0.05	0.070	$\overline{R_b}$
製品平均値 X_n		0.550	0.475	2.250	−0.525	−1.300	0.290	$\overline{\overline{X}}$

製品の総平均値	$\overline{\overline{X}} = (\overline{X_a} + \overline{X_b})/m = (0.265 + 0.315)/2$	0.290
製品平均値範囲	$R_p = X_n\,\mathrm{max} - X_n\,\mathrm{min} = 2.25 + 1.30$	3.550
範囲の総平均値	$\overline{\overline{R}} = (\overline{R_a} + \overline{R_b})/m = (0.070 + 0.070)/2$	0.070
測定者間範囲	$X_d = X_m\,\mathrm{max} - X_m\,\mathrm{min} = 0.315 - 0.265$	0.050
繰返し性(装置変動)(EV)	$EV = \overline{\overline{R}} \times K_1$	= 0.0620
再現性(測定者変動)(AV)	$AV = \sqrt{(X_d \times K_2)^2 - EV^2/nr}$	= 0.00471
繰返し性・再現性(GRR)	$GRR = \sqrt{EV^2 + AV^2}$	= 0.0686
製品変動(PV)	$PV = R_p \times K_3$	= 2.05
全変動(TV)	$TV = \sqrt{PV^2 + GRR^2}$	= 1.432
繰返し性・再現性の全変動比(% GRR)	$\%GRR = 100 \times GRR/TV$	= 4.79

[備考] K_1 = 0.886(測定回数によって決まる定数)
　　　　K_2 = 0.707(測定者数によって決まる定数)
　　　　K_3 = 0.403(サンプル数によって決まる定数)

図 7.23　GRR 評価報告書(例)

番号	異常判定基準
ルール1	1点が領域Aを超えている（3σの領域を超えている）。
ルール2	連続する9点が中心線に対して同じ側にある。
ルール3	連続する6点が増加傾向あるいは減少傾向にある。
ルール4	連続する14点が交互に増減している。
ルール5	連続する3点中2点が領域Aまたはそれを超えた領域にある（2σの領域を超えている）。
ルール6	連続する5点中4点が領域Bまたはそれを超えた領域にある（1σの領域を超えている）。
ルール7	連続する15点が領域Cにある（1σ内にある）。
ルール8	連続する8点が領域Cを超えた領域にある（1σの領域を超えている）。

［備考］$\overline{\overline{X}}$-R管理図の領域

```
                         ─── $\overline{\overline{X}} + 3\sigma$ = UCL
        領域A
                         ─── $\overline{\overline{X}} + 2\sigma$
        領域B
                         ─── $\overline{\overline{X}} + 1\sigma$
        領域C
                         ─── $\overline{\overline{X}}$ = CL
        領域C
                         ─── $\overline{\overline{X}} - 1\sigma$
        領域B
                         ─── $\overline{\overline{X}} - 2\sigma$
        領域A
                         ─── $\overline{\overline{X}} - 3\sigma$ = LCL
```

図7.24　JIS Z 9021 管理図の異常判定ルール

付 録
◆
用語の解説

　この用語の解説の内容は、ISO 9001 および ISO/TS 16949 でよく使用されている用語について、単に用語の定義の説明ではなく、わかりやすく理解していただくための解説としました。

音順	用語	解説
A－Z	APQP	"先行製品品質計画"参照。
	COP	"顧客志向プロセス"参照。
	FMEA	"故障モード影響解析"参照。
	GRR	"ゲージR&R"参照。
	IATF international automotive task force	ISO/TS 16949を主管する国際自動車業界特別委員会。クライスラー、フォード、ゼネラルモーターズ、BMW、ダイムラー、フィアット、プジョーシトロエン、ルノー、フォルクスワーゲンの欧米自動車メーカー9社とこれらの自動車メーカーの本社がある5ヶ国の自動車工業会で構成されている。
	IATF承認取得ルール rules for achieving IATF recognition	automotive certification scheme for ISO/TS 16949：2009 － rules for achieving IATF recognition。ISO/TS 16949のIATF承認取得のルールを示した文書。ISO/TS 16949認証機関に対する要求事項。
	ISO 19011	"マネジメントシステム監査の指針"の規格。
	ISO 9001	"品質マネジメントシステム－要求事項"の規格。ISO/TS 16949規格は、ISO 9001にもとづいている。
	ISO/TS 16949	"ISO/TS 16949：2009品質マネジメントシステム－自動車生産および関連サービス部品組織のISO 9001：2008適用に関する固有要求事項"、いわゆるISO/TS 16949規格で、ISO 9001：2008と自動車業界の追加要求事項で構成されている。
	ガイダンスマニュアル ISO/TS 16949 guidance manual	自動車業界のプロセスアプローチ、内部監査およびISO/TS 16949規格要求事項に対するIATFの推奨事項を述べた文書。
	KPI	"主要プロセス指標"参照。
	MSA	"測定システム解析"参照。
	PPAP	"製品承認プロセス"参照。
	RPN	"リスク優先数"参照。
	SPC	"統計的工程管理"参照。
	$\overline{X}$－R管理図	"平均値－範囲管理図"参照。
あ行	安定した工程 stable process	工程変動の原因は共通原因のみで、特別原因は存在せず、統計的管理状態にある工程。安定した工程の管理図は、ランダムな(特徴のない)変動パターン(傾向)を示す。

付　録

音順	用　語	解　説
あ行	あんどんシステム ANDON system	工場内の各設備を監視して異常や警告の報知、実績表示を行う生産管理システム。見える化管理のこと。
か行	監査プログラム audit programme	特定の目的のための、決められた期間内で実行するように計画された一連の監査。監査プログラムの目的の設定－監査プログラムの作成－監査プログラムの実施－監査プログラムの監視・レビュー－監査プログラムの改善の5つのステップで構成される。
	管理状態 in control	変動の特別原因は存在せず、共通原因による変動しか示さない工程の状態。管理状態にある工程は統計的に安定しており、管理図ではランダムな(特徴のない)変化を示す。
	管理図 control chart	工程が統計的に管理状態にあるかどうかを判断するために使われる図。代表的な管理図として、$\bar{X}$-R管理図がある。工程変動の特別原因が存在する場合、管理図は特徴のある変動パターン(傾向)を示し、特別原因が存在しない場合は、ランダムな(特徴のない)変動パターンを示す。
	危険度 risk priority number	FMEAにおける危険度(リスクの程度)を示す指標。危険度(RPN)は、影響度(S)、発生度(O)および検出度(D)の積で表わされる。リスク優先数とも呼ばれる。
	供給者 supplier	購買製品をISO/TS 16949認証対象組織に提供する組織。材料・部品などの供給者以外に、設計、製造、サービスなどのアウトソース先も含まれる。
	共通原因 common cause	長期間にわたって工程に存在する変動の原因。特別原因がなく共通原因のみ存在する工程は安定し、管理図では特徴のあるパターンを示さない。
	緊急事態対応計画 contingency plan	計画どおりの生産ができなくなって、顧客に迷惑をかけないように、ユーティリティの停止、主要設備の故障、市場回収(リコール)のような不測の事態に備えた、緊急事態対応計画。
	繰返し性 repeatability	一人の測定者が、同一製品の同一特性を、同じ測定機器を使って、数回にわたって測定したときの測定値の変動。反復性または装置変動(EV)ともいわれる。

157

音順	用　語	解　説
か行	継続的改善 continual improvement	要求事項を満たす能力を高めるために繰り返し行われる活動。ISO 9001では、品質マネジメントシステムの有効性の継続的改善が求められているのに対して、ISO/TS 16949では、有効性だけでなく、プロセスの効率を含めた、パフォーマンスの継続的改善が求められている。
	ゲージR&R gage repeatability and reproducibility	繰返し性（反復性）と再現性の両方の変動について測定システムを評価する方法。ISO/TS 16949では、繰返し性・再現性（GRR）を全変動（TV）で割った、繰返し性・再現性全変動比（%GRR）が一般的に用いられる。ゲージ（gage）は測定器を表す。
	検　証 verification	要求事項が満たされていることを確認すること。設計・開発の検証、測定結果の検証、内部監査における是正処置結果の検証などがある。
	コアツール core tool	コアツールは核（core）となるツール（中心技法）という意味。"参照マニュアル"参照。
	工程FMEA	"プロセスFMEA"参照。
	工程性能指数 process performance index	工程のアウトプットのサンプルが規格を満足する能力。工程性能指数は、工程が安定しているかどうかわからない場合に使用される。特性分布の中心位置を考慮しない場合の工程性能指数（P_p）と、特性分布の中心位置を考慮した場合の工程性能指数（P_{pk}）があり、次の式で表される。 $$P_p = \frac{USL - LSL}{6s}、$$ $$P_{pk} = \min\left(\frac{USL - \overline{\overline{X}}}{3s}, \frac{\overline{\overline{X}} - LSL}{3s}\right)$$ （図7.18、p.149参照）
	工程能力指数 process capability index	安定した工程のアウトプットのサンプルが規格を満足する能力。工程能力指数には、特性分布の中心位置を考慮しない場合の工程能力指数（C_p）と、特性分布の中心位置を考慮した場合の工程能力指数（C_{pk}）があり、次の式で表される。 $$C_p = \frac{USL - LSL}{6\sigma}、$$ $$C_{pk} = \min\left(\frac{USL - \overline{\overline{X}}}{3\sigma}, \frac{\overline{\overline{X}} - LSL}{3\sigma}\right)$$ （図7.18、p.149参照）

付　録

音順	用　語	解　説
か行	購買情報 purchasing information	購買製品に関する注文書・仕様書などの、注文・契約内容を記載した文書。
	購買製品 purchased product	購入する製品(部品・材料、仕入商品)、外注業務(設計・製造・サービス)など。
	効　率 efficiency	達成された結果と資源との関係。効率＝結果(効果)／資源で表される。ISO/TS 16949では有効性と効率の両方の改善を目的としている。
	顧　客 customer	製品を受け取る組織または人で、組織の内部(いわゆる次工程)または外部のいずれでもあり得る。
	顧客志向プロセス customer oriented process	顧客との間で直接インプットとアウトプットがある、ISO/TS 16949における最も重要なプロセス。マーケティングプロセス、受注プロセス、製品の設計・開発プロセス、製造工程の設計・開発プロセス、製品および製造工程の妥当性確認プロセス、製品の製造プロセス、製品の引渡しプロセス、フィードバックプロセスなどがある。
	顧客満足 customer satisfaction	顧客要求事項が満たされている程度に関する顧客の受けとめ方。ISO/TS 16949では、顧客に対する品質や納期などの実績だけでなく、生産性などの製造工程のパフォーマンスも、顧客満足度の監視の対象となる。
	故障モード failure mode	発生する可能性のある潜在的な故障のモード(故障内容)。顧客の気づく内容ではなく、物理的・技術的な用語で表現する。
	故障モード影響解析 failure mode and effects analysis	製品または製造工程における予想される故障について、故障が発生した場合の影響の程度(S)、故障の発生度(O)、故障の検出度(D)を掛けた、危険度(リスク優先数 RPN ＝ S × O × D)によって定量的に評価し、予防処置や改善のための判断基準とするもの。設計FMEAとプロセスFMEAがある。これに関するISO/TS 16949の参照マニュアルとして、FMEA参照マニュアルがある。
	コントロールプラン control plan	製品を管理するために要求される、システムとプロセスを記述した文書。コントロールプランには、製造工程の管理方法および製品特性とプロセス特性の監視方法などを記載する。コントロールプランの詳細は、ISO/TS 16949規格の附属書AおよびAPQP参照マニュアルに記載されている。

音順	用語	解説
さ行	再現性 reproducibility	異なる測定者が、同一製品の同一特性を、同じ測定機器を使って、何回か測定したときの、各測定者ごとの平均値の変動(幅)。測定者変動(AV)またはシステム間変動とも呼ばれる。
	サイト	"生産事業所"に同じ。
	サービス部品 parts for service	ISO/TS 16949を要求する自動車メーカー向けのサービス用の製品・部品。純正部品のこと。
	サプライチェーン supply chain	顧客-組織-供給者の関係のこと。
	参照マニュアル reference manual	ISO/TS 16949における顧客固有の参照マニュアル(参照マニュアル)として、米国ビッグスリーのAPQP(先行製品品質計画)、PPAP(製品承認プロセス)、FMEA(故障モード影響解析)、SPC(統計的工程管理)およびMSA(測定システム解析)の5種類がある。
	支援事業所 remote location	サイトを支援する、生産プロセス(製造工程)のない事業所。設計部門・本社部門・配送部門など。
	支援プロセス support process	製品実現のプロセスまたは顧客志向プロセスを支援するプロセス。購買プロセス、生産管理プロセス、設備保全プロセス、測定機器管理プロセス、教育・訓練プロセス、文書管理プロセスなどがある。
	主要プロセス指標 key process index	品質マネジメントシステムの各プロセスを監視・測定する指標。プロセスのタートル分析におけるもっとも重要な要素。ISO 9001規格(8.2.3)のプロセスの監視・測定において要求されている。
	製造フィージビリティ manufacturing feasibility	製品の実現の可能性を検討すること。レビュー項目には、技術・製造能力、コスト、スケジュール、およびリスク分析を含む。
	製品 product	プロセスの結果。顧客に提供するもの(完成品)、供給者から供給されるもの(部品・材料)、製品実現プロセスの途中段階のもの(工程内製品、半製品)も含まれる。ハードウェア製品(一般的な品物)以外に、サービス(設計、製造、輸送、点検)、ソフトウェアなどがある。
	製品実現プロセス product realization process	製品(サービス)を実現するための一連のプロセス。顧客関連プロセス、設計・開発プロセス、購買プロセス、製造プロセス、サービス提供プロセス、製品の監視・測定プロセスなどがある。

付録

音順	用語	解説
さ行	製品承認プロセス product approval process または production part approval process	ISO/TS 16949 において、量産品に対する顧客の承認手順。製品と製造工程の両方が対象であり、供給者も含まれる。これに関する ISO/TS 16949 の参照マニュアルとして、PPAP 参照マニュアルがある。
	製品要求事項 product requirement	製品（サービス）に対する要求事項。顧客要求事項以外に、法規制上の要求事項や組織が決めた要求事項がある。
	是正処置 corrective action	発見された不適合の原因を除去するための不適合の再発防止策。修理・修正は、不適合そのものを除去するための処置であって是正処置ではない。
	設計 FMEA design failure mode and effects analysis	製品において発生する可能性のある、潜在的に存在する故障をあらかじめ予測して、実際に故障が発生する前に、製品の設計・開発段階で、故障の発生を予防（あるいは故障が発生する可能性を減少）させるための解析手法。
	設計・開発 design and development	要求事項を製品・プロセスの特性・仕様書に変換するプロセス。製品の設計・開発と製造工程の設計・開発があり、ISO/TS 16949 ではこれらの両方を考慮すること。
	設計・開発の検証 design and development verification	設計・開発のアウトプットが、設計・開発のインプットの要求事項に適合していることの確認。
	設計・開発の妥当性確認 design and development validation	製品が、意図された用途に応じた要求事項に適合していることの確認。すなわち顧客の立場で確認すること。通常は、実製品を用いて実使用条件において実施される。
	設計・開発のレビュー design and development review	設計・開発の結果が、要求事項を満たせるかどうかの評価。製品特性だけでなく、安全性、製造性などについてもレビューする。設計・開発のレビューには関係する各部門の代表者が参加する。
	先行製品品質計画 advanced product quality planning	ISO/TS 16949 において、新製品の企画から設計・開発、量産までを、部門横断アプローチで進めること。フェーズ 1（計画）、フェーズ 2（製品の設計・開発）、フェーズ 3（製造工程の設計・開発）、フェーズ 4（妥当性確認）およびフェーズ 5（量産・改善）の 5 つのフェーズで構成されている。これに関する ISO/TS 16949 の参照マニュアルとして、APQP 参照マニュアルがある。

音順	用　語	解　説
さ行	測定システム measurement system	測定のために用いられる測定器、標準(器)、測定方法、測定者、測定環境などを含めた、測定に関連する各要素の総称。
	測定システム解析 measurement system analysis	測定に関する、測定器や測定者による、測定結果の変動(測定誤差)を統計的に評価する手法。これに関するISO/TS 16949の参照マニュアルとして、MSA参照マニュアルがある。
た行	タートル図 turtle model	プロセス分析用のツールで、各プロセスについて、①インプット、②アウトプット、③物的資源(設備・システム・情報)、④人的資源(要員・力量)、⑤運用方法(手順・方法)、および⑥評価指標(監視測定項目と目標値)の6つの要素を表した図。亀(turtle)の形に似ていることからタートル図と呼ばれる。
	段取り替え検証 verification of job set-ups	金型などの治工具を交換したり、休止していた設備を再稼働した場合などに、設備の立ち上げ時の確認を行うこと。段取り検証の方法には、統計的手法の利用や前回操業の最終製品のデータとの比較などがある。
	適用除外 exclusion of requirement	要求事項のいずれかの項目の適用を除外すること。ISO 9001では適用を除外できる項目は、ISO/TS 16949規格7章の製品実現の項目に限られ、顧客要求事項または規制要求事項に影響を与える項目は除外できない。ISO/TS 16949では、顧客が製品の設計・開発を行っている場合以外は、すべての要求事項に対して適用除外することはできない。
	適用範囲 scope	品質マネジメントシステムの適用範囲。対象製品、対象顧客、対象機能、適用規格、適用除外項目、対象組織など。
	統計的工程管理 statistical process control	工程が安定しているかどうかを管理図を用いて調査したり、工程能力指数や工程性能指数などの工程の能力を定量的に測定して、工程改善するために使用される方法。ISO/TS 16949のSPC参照マニュアルがある。
	統計的手法 statistical technique	統計的手法には、QC七つ道具のほか、工程能力指数、管理図などがある。

音順	用 語	解 説
た行	特殊特性 special characteristics	安全、法規制、製品の機能・性能、および後工程などに影響を与える、重要な製品特性または製造工程特性。特殊特性は、顧客によって指定されるものと、組織が指定するものがある。
	特別輸送費 premium freight	契約した輸送費に対する割増しの費用または負担。特別輸送費を監視することによって、単に特別に輸送費がかかったというだけでなく、納期遅れに対する製造上の原因がわかることがある。
	特別原因 special cause	工程に常に作用を及ぼしているわけではない変動の原因。特別原因が存在する工程は不安定な工程であり、管理図で特徴のあるパターンを示す。
な行	内部監査 internal audit	組織自身(または組織の代理人)が行う監査。内部監査は、個別製品と品質マネジメントシステムの要求事項への適合性、および品質マネジメントシステムの効果的な実施状況を確認して、改善の機会を提案するために行う。第一者監査ともいう。ISO/TS 16949 の内部監査には、品質マネジメントシステム監査、製造工程監査および製品監査の3種類がある。
は行	パフォーマンス performance	成果を含む実施状況。"成果"は目標が達成された程度(不良率など)、"実施状況"は計画されたことが実施された程度を意味する。
	反復性・再現性	"ゲージ R&R"参照。
	標準偏差 standard deviation	測定データの広がり(幅)の指標、または測定データの統計量(たとえばサブグループの平均値)の広がりの指標。
	品質方針 quality policy	品質マネジメントシステムを運用するためのトップ(経営者)の決意表明。
	品質マニュアル quality manual	品質マネジメントシステムを規定する文書。品質マネジメントシステムを構成するプロセス、手順、適用範囲などを記載する。品質マネジメントシステムに関する情報を、組織の内外に提供する文書。
	品質マネジメントシステム quality management system	品質に関するマネジメントシステム。品質とは製品の品質に限らない。

音順	用　語	解　説
は行	品質マネジメントの原則 quality management principles	経営パフォーマンス改善のためにトップマネジメントが経営手法として用いる原則。顧客重視、リーダーシップ、人々の参画、プロセスアプローチ、マネジメントへのシステムアプローチ、継続的改善、意志決定への事実にもとづくアプローチおよび供給者との互恵関係の8項目。
	品質目標 quality objectives	品質目標は、品質方針にもとづいて、各部門・各階層で作成し、実施する。品質目標は、その達成度が判定可能なものとする。
	不安定な工程 unstable process	変動の特別原因が存在し、統計的管理外れの状態にある工程。不安定な工程では、管理図は、特徴のある変動パターンを示す。
	不適合 nonconformity	要求事項を満たしていないこと。不適合は、要求事項、不適合の状況よび客観的証拠の3つの要素で成立する。
	プロジェクトマネジメント project management	プロジェクトとは、一連の調整され管理された、開始日と終了日のある活動からなり、時間、コストおよび経営資源の制約を含む、特定の要求事項に適合する目標を達成するために実施される特有のプロセスをいう。米国ビッグスリーの先行製品品質計画(APQP)や、ダイムラーの製品保証計画(PAP)もプロジェクトマネジメントの一種。
	プロセス process	品質マネジメントシステムを構成する活動(業務)の単位。インプットをアウトプットに変換する、相互に関連する一連の活動。ISO/TS 16949の品質マネジメントシステムのプロセスは、顧客志向プロセス、支援プロセスおよびマネジメントプロセスの3つに分類することができる。
	プロセスFMEA process failure mode and effects analysis	製造工程において発生する可能性のある、潜在的な故障をあらかじめ予測して、実際に故障が発生する前に、製造工程の設計・開発の段階で故障の発生を予防(あるいは故障が発生する可能性を減少)させるための解析手法。
	プロセスアプローチ process approach	品質マネジメントシステムのプロセスとその相互関係を明確にして、システムとして運用管理すること。プロセスアプローチはPDCA改善サイクル(管理サイクル)で進められる。

音順	用語	解説
は行	プロセスアプローチ式監査 process approach audit	要求事項への適合性よりも、目標と計画の達成状況、すなわちパフォーマンスに焦点をあてた監査。ISO/TS 16949において要求されている。
	プロセスの妥当性確認 validation of processes	製品を製造した後（サービスを提供した後）では検査ができないプロセスについて、製品を製造する前（サービス提供の前）に、そのプロセスの妥当性を確認しておくこと。ISO/TS 16949では、すべての製造プロセスに対して、妥当性確認が必要。
	平均値－範囲管理図 $\bar{X}$－R chart	計量値管理図のなかでもっとも代表的な管理図。"管理図"参照。
	ポカヨケ error proofing	間違った操作による不適合製品の発生を予防するための、製品および製造工程における設計・開発手法および製造手法。ミス防止ともいう。
ま行	マネジメントプロセス management process	品質マネジメントシステム全体を管理するプロセス。方針管理プロセス、内部監査プロセス、顧客満足プロセス、資源の提供プロセス、法規制管理プロセス、継続的改善プロセスなどがある。
	マネジメントレビュー management review	経営者自身が、品質マネジメントシステムの有効性を確認し、品質マネジメントシステムの改善と変更の必要性と、品質方針・品質目標の変更の必要性を、定期的にレビューすること。
	問題解決 problem solving	根本原因を究明して取り除くための、問題を解析する系統的プロセス。問題解決の手順に含める内容には、問題の確認、対象ロットの特定、根本原因の究明、是正処置の有効性の検証などがある。
や行	有効性 effectiveness	計画した活動の結果が達成された程度。"有効性＝結果（実績）／計画（目標）"で表される。
	要員 personnel	品質マネジメントシステムのプロセス（活動）に従事する人。
	要求事項 requirements	明示または暗黙のうちに期待されている、ニーズまたは期待。製品要求事項、顧客要求事項、規格要求事項、法規制要求事項、品質マネジメントシステム要求事項などがある。

音順	用 語	解 説
や行	予知保全 predictive maintenance	起こり得る故障モードから予測して保全に関する問題を回避することを目的とする、プロセスデータにもとづいた活動。予防保全が、摩耗しやすい部品を月に1回交換するなど定期的に行うのに対して、予知保全は、部品の摩耗の程度を連続的に監視して、交換が必要になったときに交換するというように、生産設備の有効性を継続的に改善するために行われる。
	予防処置 preventive action	起こりうる不適合の原因を除去する処置。すなわち不適合の未然防止策。
	予防保全 preventive maintenace	製造工程設計のアウトプットとして、設備の故障および予定外の生産停止の原因を除去するために計画された、定期的・断続的な活動。
ら行	力 量 competence	要員の知識および技能を適用するための実証された能力
	リスク優先数	"危険度"参照。
	リーン生産方式 lean manufacturing	"リーン"はムダのないという意味。必要なものを必要なときに必要な量だけ生産するという生産管理方式。リーン生産方式は、1980年代にアメリカのマサチューセッツ工科大学(MIT)で、日本の自動車産業における生産方式(おもにトヨタ生産方式)を研究し、その成果を再体系化・一般化した、生産管理手法の一種といわれている。
	レファレンスマニュアル	"参照マニュアル"参照
	レビュー review	適切性・妥当性・有効性を判定するための活動。マネジメントレビュー、製品要求事項のレビュー、設計・開発のレビューなどがある。

参考文献

1) 日本規格協会：『対訳 ISO/TS 16949：2009 品質マネジメントシステム−自動車生産及び関連サービス部品組織の ISO 9001：2008 適用に関する固有要求事項』、日本規格協会、2009
2) 日本規格協会：『ISO/TS 16949：2009 ガイダンスマニュアル』、日本規格協会、2009
3) IATF：『Automotive Certification Scheme for ISO/TS 16949：2002 - Rules for achieving IATF recognition』、3rd edition for ISO/TS 16949：2002, 2008
4) AIAG：Reference Manuals
   − 『Advanced Product Quality Planning(APQP) and Control Plan』、2nd edition, 2008
   − 『Production Part Approval Process(PPAP)』、4th edition, 2006
   − 『Potential Failure Mode and Effects Analysis(FMEA)』、4th edition, 2008
   − 『Statistical Process Control(SPC)』、2nd edition, 2005
   − 『Measurement System Analysis(MSA)』、4th edition, 2010
5) ISO 9000：2005(JIS Q 9000：2006)『品質マネジメントシステム−基本及び用語』、日本規格協会、2006
6) ISO 9001：2008(JIS Q 9001：2008)『品質マネジメントシステム−要求事項』、日本規格協会、2008
7) ISO 19011：2011(JIS Q 19011：2012)『マネジメントシステム監査のための指針』、日本規格協会、2012
8) 岩波好夫著：「ISO 9001 認証組織のパフォーマンス改善−ISO/TS 16949 の活用−」、『アイソス』、No.167〜171、システム規格社、2011〜2012
9) 岩波好夫著：『図解 Q&A ISO/TS 16949 規格のここがわからない』、日科技連出版社、2007
10) 岩波好夫著：『図解 ISO/TS 16949 の完全理解−要求事項からコアツールまで』、日科技連出版社、2010
11) 岩波好夫著：『図解 ISO 9000 よくわかるプロセスアプローチ』、日科技連出版社、2009

索　引

[A－Z]

APQP	50, 83, 128, 131
COP	119
C_p、C_{pk}	54, 145
FMEA	50, 80, 136
GRR	151, 153
IATF	36, 50
IATF承認取得ルール	50, 119
ISO 19011	90, 94
ISO/TS 16949	11, 21, 37, 51, 71, 95
ISO/TS 16949関連規格	50
KPI	111
MSA	50, 150
PPAP	50, 132
P_p、P_{pk}	145
RPN	137
SPC	50, 144
$\overline{X}$-R管理図	145

[あ行]

安定した工程	52

[か行]

ガイダンスマニュアル	50, 95
監査プログラム	94
管理図	145, 148, 154
管理外れ	53
危険度	137
教育・訓練	102
供給者	72
供給者の監視	73
緊急事態対応計画	79, 82
繰返し性	151
繰返し性・再現性	151
継続的改善	17, 84
計数値管理図	148
計量値管理図	148
ゲージR&R	151
コアツール	127
工程性能指数	145, 149
工程能力	54, 145, 149
工程能力指数	145, 149
購買製品	72
購買製品の検証	72
購買プロセス	72
効率	15, 22
顧客志向プロセス	119
顧客満足	38, 100
故障モード	136
故障モード影響解析	136
コントロールプラン	53, 58, 70

[さ行]

再現性	151
在庫管理	42
サプライチェーン	26, 72
参照マニュアル	50, 127

支援事業所（部門）	34
支援プロセス	119
主要プロセス指標	111
生産計画	42
製造工程設計	27, 45, 97
製造工程の監視・測定	53
製造フィージビリティ	78, 82
製品実現の計画	128
製品承認プロセス	30, 50, 132
是正処置	85
先行製品品質計画	50, 128
測定システム解析	50, 150

[た行]

タートル図	111
段取り替え検証	56
適合性	22
適合性監査	122
適用除外	27, 34
適用範囲	34
統計的工程管理	144
特殊特性	76
特別輸送費	38, 68

[な行]

内部監査	90, 122
内部監査員の資格認定	90
内部監査員の力量	90

[は行]

パフォーマンス	23, 122

品質マネジメントの8原則	14, 18, 20
品質目標	48
不安定な工程	53
部門横断的アプローチ	128
プロセス	23, 64, 108, 110, 114
プロセスアプローチ	15, 23, 114, 116
プロセスアプローチ式監査	122
プロセスの監視・測定	108
プロセスの妥当性確認	64
変更管理	30
ポカヨケ	78

[ま行]

マネジメントプロセス	119
マネジメントレビュー	48

[や行]

有効性	15, 22, 84
有効性監査	122
予知保全	60
予防処置	82
予防保全	60

[ら行]

力量	90, 102
リスク管理	78
リスク優先数	137
リーン生産方式	42

著者紹介

岩波 好夫（いわなみ よしお）

1968 年	名古屋工業大学 大学院 修士課程修了（電子工学専攻）
1968 年	株式会社東芝入社
	米国フォード社開発プロジェクトメンバー、半導体 LSI 開発部長、米国デザインセンター長、品質保証部長などを歴任
1999 年	岩波マネジメントシステム代表
資　格	JRCA 登録 ISO 9000 主任審査員（コンピテンス）（A01128）
	IRCA 登録 ISO 9000 リードオーディター（A008745）
	AIAG 登録 QS-9000 オーディター（CR05-0396、～ 2006 年）
	社団法人日本品質管理学会会員
著　書	『ISO 9000 実践的活用』（オーム社）、
	『ISO を活かす』、『図解 Q&A ISO/TS 16949　規格のここがわからない』、『図解 ISO 9000　よくわかるプロセスアプローチ』、『図解 ISO/TS 16949 の完全理解 - 要求事項からコアツールまで - 』（いずれも日科技連出版社）など、ISO 9000 および ISO/TS 16949 関係書籍多数

沼上 達久（ぬまかみ たつひさ）

1976 年	大阪大学工学部機械工学科卒
1976 年	日産自動車入社。設計開発部門で産業用車両の車両計画、商品企画業務を担当、その後海外サービス、品質管理業務に従事
1992 年	ドイツ フォルクスワーゲン社およびアウディ社によって設立された日本法人フォルクスワーゲングループ日本株式会社入社。サービス部技術課および企画課にて市場品質情報の収集、解析およびサービス施策企画業務に従事
2004 年	日系およびドイツ系自動車部品メーカーにて自動車部品の設計開発および品質保証業務に従事
2008 年	UL DQS Japan 株式会社入社。現在 ISO 9001 および ISO/TS 16949 審査員として審査業務に従事
資　格	JRCA 登録 ISO 9000 審査員（コンピテンス）（A16657）
	IATF 登録 ISO/TS 16949 審査員（3-GE-10-07-2759）

図解 ISO 9001 認証組織のパフォーマンス改善
―ISO/TS 16949 の活用―

2012 年 10 月 23 日　第 1 刷発行

監修者　UL DQS Japan 株式会社
著　者　岩　波　好　夫
　　　　沼　上　達　久
発行人　田　中　　　健

検印
省略

発行所　株式会社 日科技連出版社

〒 151-0051　東京都渋谷区千駄ヶ谷 5-4-2
電　話　出版　03-5379-1244
　　　　営業　03-5379-1238 〜 9
振替口座　東京 00170-1-7309

印刷・製本　河北印刷株式会社

Printed in Japan

© UL DQS Japan Inc., Yoshio Iwanami 2012　　ISBN 978-4-8171-9453-4
URL http://www.juse-p.co.jp/

本書の全部または一部を無断で複写複製(コピー)することは、著作権法上での例外を除き、禁じられています。

好評発売中！

図解 Q&A ISO/TS 16949 規格のここがわからない

岩波好夫 ［著］
A5 判、221 頁

　本書は、ひと目でわかる見開き構成。Q&A 形式の図解で、自動車産業品質マネジメントシステムの国際規格 ISO/TS 16949 をわかりやすく解説する。各項目の重要ポイントを明記，充実した用語解説を収録。図解 ISO/TS 16949 シリーズの決定版！

［本書の目次］

序　章　序文	第 5 章　経営者の責任
第 1 章　適用範囲	第 6 章　資源の運用管理
第 2 章　引用規格	第 7 章　製品実現
第 3 章　定義	第 8 章　測定・分析・改善
第 4 章　品質マネジメントシステム	第 9 章　ISO/TS16949 認証制度

★日科技連出版社の図書案内はホームページでご覧いただけます。　　●日科技連出版社
URL　http://www.juse.p.co.jp

好評発売中！

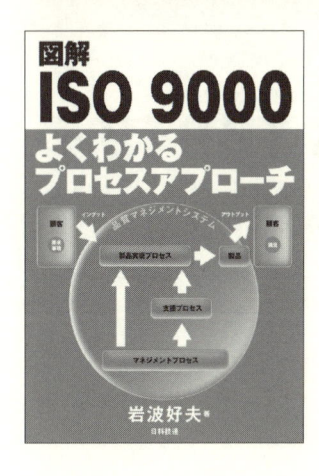

図解 ISO 9000 よくわかる プロセスアプローチ

岩波好夫［著］
A5 判、160 頁

　本書では、"プロセスアプローチとは何か、どのようにすればよいのか、内部監査を効果的に行うにはどうすればよいか"について、製造業、建築業、サービス業の実例をあげて、図解により、わかりやすく解説した。また、巻末には、「用語の解説」を掲載し、ISO で使用されている用語を理解できるよう、解説している。プロセスアプローチがよくわかり、プロセスアプローチ監査にも対応できる、親切で便利な解説書。

［本書の目次］
- 第 1 章　ISO 9001 とプロセスアプローチ
- 第 2 章　品質マネジメントシステムとプロセスアプローチ
- 第 3 章　品質マネジメントシステムのプロセスの分析
- 第 4 章　プロセスアプローチによる内部監査
- 第 5 章　プロセスアプローチで成果をあげている例
- 第 6 章　プロセスアプローチにもとづく品質マニュアルの例

★日科技連出版社の図書案内はホームページでご覧いただけます。
URL http://www.juse.p.co.jp

●日科技連出版社

好評発売中！

図解 ISO/TS 16949の完全理解
―要求事項からコアツールまで―

岩波好夫［著］
A5判、352頁

　本書は、ISO/TS 16949認証制度、ISO/TS 16949規格要求事項、自動車業界の顧客志向にもとづくプロセスアプローチ、プロセスアプローチ内部監査、ならびにAPQP、PPAP、FMEA、SPCおよびMSAの5つのコアツールについて、図解により、わかりやすく解説した。第Ⅰ部ISO/TS16949認証制度、第Ⅱ部ISO/TS 16949要求事項の解説、第Ⅲ部ISO/TS 16949のコアツールの3部構成で、規格の全領域を網羅した図解ISO/TS 16949シリーズの決定版。ISO/TS 16949：2009およびルール3対応！

［本書の目次］

第Ⅰ部　ISO/TS 16949 認証制度
- 第1章　ISO/TS 16949のねらいと認証制度
- 第2章　自動車業界のプロセスアプローチ
- 第3章　内部監査とシステム構築のポイント

第Ⅱ部　ISO/TS 16949 要求事項の解説
- 第4章　品質マネジメントシステム
- 第5章　経営者の責任
- 第6章　資源の運用管理
- 第7章　製品実現
- 第8章　測定・分析・改善

第Ⅲ部　ISO/TS 16949 のコアツール
- 第9章　先行製品品質計画（APQP）と製品承認プロセス（PPAP）
- 第10章　故障モード影響解析（FMEA）
- 第11章　統計的工程管理（SPC）
- 第12章　測定システム解析（MSA）

★日科技連出版社の図書案内はホームページでご覧いただけます。
URL http://www.juse.p.co.jp

●日科技連出版社